U0237517

中国国家公园丛书

ZHEFANG RETU

这方热土

-海南热带雨林-

杨海蒂 著

中国林业出版社
China Forestry Publishing House

出版人

刘东黎

策划

纪亮

编辑

何增明　孙瑶　盛春玲

张衍辉　袁理

总序

一

我国于2013年提出"建立国家公园体制",并于2015年开始设立了三江源、东北虎豹、大熊猫、祁连山、海南热带雨林、武夷山、神农架、香格里拉普达措、钱江源、南山10处国家公园体制试点,涉及青海、吉林、黑龙江、四川、陕西、甘肃、湖北、福建、浙江、湖南、云南、海南12个省,总面积超过22万平方公里。2021年我国将正式设立一批国家公园,中国的国家公园建设事业从此全面浮出历史地表。

国家公园不同于一般意义上的自然保护区,更不是一般的旅游景区,其设立的初心,是要保护自然生态系统的原真性和完整性,同时为与其环境和文化相和谐的精神、科学、教育和游憩活动提供基本依托。作为原初宏大宁静的自然空间,它被国家所"编排和设定",也只有国家才能对如此大尺度甚至跨行政区的空间进行有效规划与管理。1872年,美国建立了世界上第一个国家公园——黄石国家公园。经过一个多世纪的发展,国家公园独特的组织建制和丰富的科学内涵,被世界高度认可。而自然与文化的结合,也成为国家公园建设与可持续发展的关键。

在自然保护方面,国家公园以保护具有国家代表性的自然生态系统为目标,是自然生态系统最重要、自然景观最独特、自然遗产最精华、生物多样性最富集的部分,保护范围大,生态过程完整,具有全球价值、国家象征、国民认同度高。

与此同时,国家公园也在文化、教育、生态学、美学和科研领域凸显杰出的价值。

在文化的意义上,国家公园与一般性风景保护区、营利性公园有着重大的区别，它是民族优秀文化的弘扬之地，是国家主流价值观的呈现之所，也体现着特有的文化功能。举例而言，英国的高地沼泽景观、日本国立公园保留的古寺庙、澳大利亚保护的作为淘金浪潮遗迹的矿坑国家公园等，很多最初都是传统的自然景观保护区，或是重点物种保护区以及科学生态区，后来因为文化认同、文化景观意义的加深，衍生出游憩、教育、文化等多种功能。

英国1949年颁布《国家公园和乡村土地使用法案》，将具有代表性风景或动植物群落的地区划分为国家公园时，曾有这样的认识："几百年来，英国乡村为我们揭示了天堂可能有的样子……英格兰的乡村不但是地区的珍宝之一，也是我们国家身份的重要组成。"国家公园就像天然的博物馆，展示出最富魅力的英国自然景观和人文特色。在新大陆上，美国和加拿大的国家公园，其文化意义更不待言，在摆脱对欧洲文化之依附、克服立国根基粗劣自卑这一方面，几乎起到了决定性的力量。从某程度上来说，当地对国家公园的文化需求，甚至超过环境需求——寻求独特的民族身份，是隐含在景观保护后面最原始的推动力。

再者，诸如保护土著文化、支持环境教育与娱乐、保护相关地域重要景观等方面，国家公园都当仁不让地成为自然和文化兼容的科研、教育、娱乐、保护的综合基地。在不算太长的发展历程中，国家公园寻求着适合本国发展的途径和模式，但无论是自然景观为主还是人文景观为主的国家公园均有这样的共同点：唯有自然与文化紧密结合，才能可持续发展。

具体到中国的国家公园体制建设，同样是我国自然与文化遗产资源管理模式的重大改革，事关中国的生态文明建设大局。尽管中国的国家公园起步不久，但相关的文学书写、文化研究、科普出版，也应该同时起步。本丛书是《自然书馆》大系之第一种，作为一个关于中国国家公园的新概念读本，以10个国家公园体制试点为基点，努力挖掘、梳理具有典型性和代表性的相关区域的自然与文化。12位作者用丰富的历史资料、清晰珍贵的图像、深入的思考与探查、各具特点的叙述方式，向读者生动展现了10个中国国家公园的根脉、深境与未来。

二

地理学家段义孚曾敏锐地指出，从本源的意义上来讲，风景或环境的内在，本就是文化的建构。因为风景与环境呈现出人与自然（地理）关系的种种形态，即使再荒远的野地，也是人性深处的映射，沙漠、雨林，甚至天空、狂风暴雨，无不在显示、映现、投射着人的活动和欲望，人的思想与社会关系。比如，人类本性之中，也有"孤独和蔓生的荒野"；人们也经常会用"幽林""苦寒""崇山""惊雷""幽冥未知"之类结合情感暗示的词汇来描绘自然。

因此，国家公园不仅是"荒野"，也不仅是自然荒野的庇护者，而是一种"赋予了意义的自然"。它的背后，是一种较之自然荒野更宽广、更深沉、更能够回应某些人性深层需求的情感。很多国家公园所处区域的地方性知识体系，也正是基于对自然的理性和深厚情感而生成的，是良性本土文化、民间认知的重要载体。我们据此确立了本丛书的编写原则，那就是："一个国家公园微观的自然、历史、人文空间，以及对此空间个性化的文学建构与思想感知。"也是在这个意义上，我们鼓励作者的自主方向、个性化发挥，尊重创新特性和创作规律，不求面面俱到和过于刻意规范。

约翰·赖特早在20世纪初期就曾说过，对地缘的认知常常伴随着主体想象的编织，地理的表征受到主体偏好与选择的影响，从而呈现着书写者主观的丰富幻想，即以自然文学的特性而论，那就是既有相应的高度、胸怀和宏大视野，又要目光向下，西方博物领域的专家学者，笔下也多是动物、植物、农民、牧民、土地、生灵等，是经由探查和吟咏而生成的自然观览文本。

所以，在写作文风上，鉴于国家公园与以往的自然保护区等模式不同，我们倡导一种与此相应的、田野笔记加博物学的研究方式和书写方式，观察、研究与思考国家公园里的野生动物、珍稀植物，在国家公园区域内发生的现实与历史的事件，以及具有地理学、考古学、历史学、民族学、人类学和其他学术价值的一切。

我们在集体讨论中，也明确了应当采取行走笔记的叙述方式，超越闭门造车式的书斋学术，同时也认为，可以用较大的篇幅，去挖掘描绘每个国家公园所在地区的田野、土地、历史、物候、农事、游猎与征战，这些均指向背后美学性的观察与书写主体，加上富有趣味的叙述风格，可使本丛书避免晦涩和粗浅的同类亚学术著作的通病，用不同的艺术手法，从不同方面展示中国国家公园建设的文化生态和景观。

三

我们不追求宏大的叙事风格，而是尽量通过区域的、个案的、具体事件的研究与创作，表达出个性化的感知与思想。法国著名文学批评家布朗肖指出，一位好的写作者，应当"体验深度的生存空间，在文学空间的体验中沉入生存的渊薮之中，展示生存空间的幽深境界"。从某种意义上来说，本书系的写作，已不仅关乎国家公园的写作，更成为一系列地域认知与生命情境的表征。有关国家公园的行走、考察、论述、演绎，因事件、风景、体验、信念、行动所体现的叙述情境，如是等等，都未做过多的限定，以期博采众长、兼收并蓄，使地理空间得以与"诗意栖居"产生更为紧密的关联。

现在，我们把这些弥足珍贵的探索和思考，用丛书出版的形式呈现，是一件有益当今、惠及后世的文化建设工作，也是十分必要和及时的。"国家公园"正在日益成为一门具有知识交叉性、系统性、整体性的学问，目前在国内，相关的著作极少，在研究深度上，在可读性上，基本上处于一个初期阶段，有待进一步拓展和增强。我们进行了一些基础性的工作，也许只能算作是一些小小的"点"，但"面"的工作总是从"点"开始的，因而，这套丛书的出版，某种意义上就具有开拓性。

"自然更像是接近寺庙的一棵孤立别致的树木或是小松柏，而非整个森林，当然更不可能是厚密和生长紊乱的热带丛林。"（段义孚）

我们这一套丛书，是方兴未艾的国家公园建设事业中一丛别致的小小的剪影。比较自信的一点是，在不断校正编写思路的写作过程中，对于国家公园自然与文化景观的书写与再现，不是被动的守恒过程，而是意义的重新生成。因为"历史变化就是系统内固定元素之间逐渐的重新组合和重新排列：没有任何事物消失，它们仅仅由于改变了与其他元素的关系而改变了形状"（特雷·伊格尔顿《二十世纪西方文学理论》）。相信我们的写作，提供了某种美学与视觉期待的模式，将历史与现实的内容变得更加清晰，同时也强化了"国家公园"中某些本真性的因素。

丛书既有每个国家公园的个性，又有着自然写作的共性，每部作品直观、赏心悦目地展示一个国家公园的整体性、多样性和博大精深的形态，各自的风格、要素、源流及精神形态尽在其中。整套丛书合在一起，能初步展示中国国家公园的多重魅力，中国山泽川流的精魂，生灵世界的勃勃生机，可使人在尺幅之间，详览中国国家公园之精要。期待这套丛书能够成为中国国家公园一幅别致的文化地图，同时能在新的起点上，起到特定的文化传播与承前启后的作用。

是为序。

刘东黎

2021 年 6 月

目　录

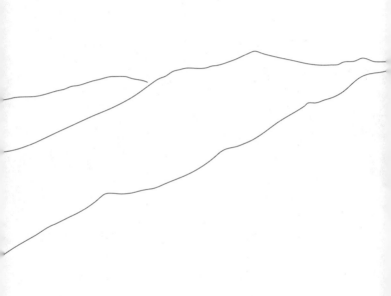

这方热土
海南热带雨林

尖　　　　峰　　　　岭

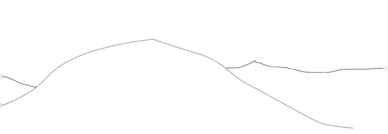

尖峰
岭

如果说，海南热带雨林国家公园是一部雄浑的交响乐，那么，山海相连的尖峰岭，是举足轻重的第一乐章，是辽阔深邃的奏鸣序曲。

浩大得漫无边际的尖峰岭，森林覆盖率高达98%，植被完整性名列全国前茅，生物多样性位居世界前列。铺天盖地的林海，将尖峰岭美成了仙境，山海相连的特质，则赋予它庄严的气质。一切妙然天成。卓尔不群的尖峰岭，中国唯一山海相连且自带热带雨林的风水宝地，一个巨无霸的天然物种基因库，成为中华人民共和国第一个以热带雨林为类型的国家森林公园，入列"世界生物圈"保护圈，获评"中国最美十大森林"之一，不断吸引着国内外专家、游客前来考察、观光。

美丽的尖峰岭，庄严的尖峰岭。以前观赏

美国敢死队勇闯南美雨林的枪战片时，我就对原始神秘的热带雨林充满了向往，当我听从命运的召唤来到了海南岛，就迫不及待想要去往尖峰岭，而当一干文友相约寻找"诗与远方"，我们不谋而合、异口同声喊出的是"尖峰岭！"

尖峰岭，我来了！我像欢快的蜜蜂飞往鲜花盛开的旷野，满心憧憬踏上新奇的旅程。

从海口往乐东，坐汽车全程三小时，道路两旁"椰棕槟榔，处处撑天"，沿途所见，有以民族特色为文化符号的民族村，有以海洋特征为文化符号的新渔村，有以热带园林为文化符号的生态村，还有江、河、湖、海畔的热带田园风光，犹如一幅幅迷人的美丽画卷。

要想不虚此行，莺歌海盐田也是必须打卡之地。

山与海的缠绵，阳光与海水的合力，造就出一道独特的风景：银光闪闪的盐田。海南岛是日军觊觎进军东南亚的基地，侵华日军曾企图在莺歌海建成"东亚第一大盐场"，历史的天空斗转星移，新中国成立后，莺歌海盐田得到大力开发，成为国家第三大盐田，它面朝大海、背靠尖峰岭，我们仿佛走进了一幅山水画中。

跟随清风和溪水，我们攀登尖峰岭。越往上越见幽深、翡翠似的山林中，山野气息的热带树木，展现着独特的身姿与风情；风骚艳异的奇花异草，散发着诱人的吸引力；新鲜饱满的各种野果，向远道而来的客人点头致意。

长寿岭主峰（吴继华 摄）

森林静悄悄的，偶尔传来几声蝉鸣鸟啾，更显出尖峰岭的静谧空灵。

尖峰岭以"山壁陡峭、壮如毛尖、刺破青天"著称。在宏大的山体中，我们寻访到"大元军马下营"石刻，它是刻录元军行迹的最南端古石刻，镌刻着七百多年前的历史，把时光推向了遥远的元代。海风天雨的侵蚀，导致字体残缺模糊，好在海南现存最早的地方志《正德琼台志》中有记载，实物与史书相互印证这里曾上演过历史大戏，眼前这块半圆锥形大石头，为一个风云变幻的时代，打上了一枚坚硬的历史标签。元朝是琼崖史上最动荡的时代，元军深入"千万年人迹不到之处"大举"征黎"，致使"黎巢尽空"，史称"是役也，自开郡以来所未有"。在飞扬的铁蹄和喋血的宝剑下，"不服王化"的黎族原住民最终屈服，"一代天骄"囊括四海并吞八荒的荣耀，是黎民百姓的血泪换来的。

踩着地上积得厚厚的枯枝残叶，高一脚低一脚进入到热带森林。由于海拔梯度的变化，尖峰岭产生了各种形态的雨林，它们以匪夷所思的方式聚到一起，组合成植被垂直分布带，乔木、灌木、藤萝、蕨类、苔藓高低错落，生动立体地呈现于我们眼前，展示着大自然不可思议的运转法则：伟岸的乔木刺向邈邈长空，"欲与天公试比高"，它是生物进化的伟大标志之一；婆娑的灌木厚皮树、芒萁、铺地蜈蚣等，密密匝匝拥挤成堆互不相让；攀爬到树上缠来绕去的藤萝，疯狂地往上空生长；强劲的野草、矮小的蕨类、地毯般的苔藓，则牢牢抓住土地，顽强地体现出另类的生命姿态。仔细察看之下，我有了新发现：各类植物虽然貌似全是绿色，其实色彩缤纷各不相同。大自然所支配的一切，永远是那么巧妙和谐。

一面巨大的"银镜"闪入眼帘。到了，镶嵌在山腰的尖峰岭天池，热带雨林里海拔最高、面积最大的高山湖。四周群峰环绕，湖畔群花争艳，湖面倒映着群山，白云映照着湖水。金色的阳光从云层间洒落，照耀着澄澈剔透的湖水，湖水流光跃金波光粼粼，犹如一匹闪闪发亮的绫罗绸缎。我想起梭罗的《瓦尔登湖》，明白了他为何要弃绝浮华回归自然。面对一尘不染的尖峰岭天池——传说中南海观音的沐浴净身圣地，我虔诚地许下心愿，我相信，我所心想的，我所期待的，将一一成为现实。

尖峰岭热带雨林（夏锦绘 摄）

尖峰岭山中有湖、湖中有岛、岛上有洞。洞里有本九阴真经，大概是哪位金庸迷留下的。修炼"吸功大法"和"金刚不坏神功"的天池怪侠，是金大侠笔下横扫武林的角色。莫非真有哪位大侠在此退隐江湖？神秘莫测的尖峰岭，我不知道有多少秘密藏于其中。"南海仙山"尖峰岭，是现实版的神话之地，是一个真实与神话交融的世界，实际上比我想象的还要神奇得多。

天池的美景风光使旅游海报相形失色，在此地待上一整天的念头非常强烈，但尖峰岭还有太多的地方要去游览，还有太多的事物要去见识，这不，更为诱人的热带雨林正在向我们招手呢。

尖峰岭保存了中国面积最大的热带原始

森林，在这片浩大的热带雨林中，生长着大量珍稀、濒危的国家级保护植物，其中有树龄千年的"通天树"盘壳栎，有起源古老的残遗植物海南粗榧，有外形酷似梅花鹿、被当地黎苗同胞奉为神树的鹿树……最著名的是古老永恒的植物桫椤。人们提起远古时代，桫椤与恐龙总是成双成对出现，它们是爬行动物时代的两大标志。地球经过数万年演化，恐龙早已绝迹，无数个漫长的时代过去后，古老的蕨类也几近灭绝，"木本蕨类植物"只有桫椤硕果仅存，活成人们所称的"植物活化石"，可见其生命力是何等顽强。真是"活久见"。要见到桫椤可不容易，而在尖峰岭热带雨林里，以群落的方式分布着三大种类的桫椤树：白桫椤、黑桫椤、大叶黑桫椤，树龄200年以上的桫椤就

红花天料木（海南国家公园管理局供图）

有三棵。远远望去，桫椤就像一柄柄撑开的绿伞，也像一把把超大的蒲扇。在这里，我恍若回到混沌未开的上古时代，可以尽情想象史前的时间，可以凝神聆听来自远古洪荒的跫音。

一直以来，人类与森林相依为命，医治疾病的中药也需要森林。热带雨林里很多植物可以用作药材，世上许多的药材来源于雨林。海南岛有"南药之库"之称，可入药植物约2000种，达全中国药材的40%。我们在尖峰岭雨林中行走，触手可及的"野草"竟然大多是草药。长期以来，尖峰岭向国内外源源不断提供大量药材："抗癌先锋"海南粗榧，别名"倒吊金钟"的牛大力，四大著名南药槟榔、益智、砂仁、巴戟，还有沉香、灵芝、金银花、鸡血藤……尖峰岭出产的吉贝、槟榔、沉香、降真香，是海南岛加入世界贸易的珍贵物品。

不只是草药漫山遍野，每天都有各种花朵在尖峰岭迎风绽放。开着美丽小白花的盾叶苣苔，是海南植物特有种，"苔花如米小，也学牡丹开"，这就是生命的力量。海南马兜铃，花色绚丽、花型独特、花朵玲珑，好看得令人吃惊。尖峰霉草、尖峰马兜铃、尖峰水玉杯，都是近年发现的新植物种类，形似红色灯笼的尖峰水玉杯仅见于尖峰岭，植株极少，十分罕见。它的发现，丰富了海南热带雨林的植物多样性资源，也证明了尖峰岭森林生态环境的优良。

植物种类的多样，自然生态的完好，为野生动物的栖息繁衍提供了庇护所，豹猫、原鸡等一大批国家级保护动物，在尖峰岭小日子过得很滋润。

在密林中穿行，惊飞起很多昆虫。尖峰岭雨林中，昆虫军团浩浩荡荡，如果没有天敌的存在，它们在这里会生活得很惬意。然而，对于小小的昆虫来说，捕猎者无处不在，雨林的生物多样性，使得小鲜肉们危机四伏。昆虫最大的敌人是鸟类、蜘蛛、蜥蜴、壁虎、毒蜂也是它们的死敌，躲避天敌是昆虫最重要的生存法则，它们必须想办法保全自己，隐身术就是它们的花招之一。昆虫大多是伪装高手，擅长巧妙的拟态、变色伪装术，手段更高明的虫子还很会装死。在2021版的《国家重点保护野生动物名录》中，同叶蟳晋升为国家二级保护动物新贵，叶蟳就是极其狡猾的伪装大师，无比的耐力、持久的静默能使它躲过种种危机和灾难。

　　五颜六色的花朵争奇斗艳，只为了吸引昆虫前来授粉，而比花朵还要美丽的蝴蝶，前身却是丑陋的昆虫。蝴蝶幼虫是许多捕食者垂涎欲滴的美味，逃脱厄运的幼虫长大成蛹，然后破蛹而出化蛹成蝶，最终完成华丽的生命蜕变。大自然的恩赐让蝴蝶成为"会飞的花朵"，它们四处起舞炫耀美貌，除了南极洲，地球上到处有它们翩跹的舞姿。海南已发现的蝴蝶种类超过650种，居全国首位，其中包括一百多种濒危、珍稀、海南特有种。极为罕见的金斑喙凤蝶，是世界上最名贵的蝴蝶，是中国特有珍品、唯一的蝶类国家一级保护动物，享有"国蝶""蝶中皇后""蝶之骄子""梦幻蝴蝶""世界动物活化石"美誉，它可是尖峰岭的常住民。

　　我在尖峰岭见过很大的树胶，比我平日里

吃的果冻还要大。树胶是一些昆虫的美食，叶蟥和阳彩臂金龟最心爱的食物就是它。素有昆虫中大象级别的阳彩臂金龟，也是国家重点保护野生动物，别看它爬行时动作迟缓，飞起来可就判若两人了。除了步甲、螳螂等吃肉，绝大部分昆虫是素食者，就连张牙舞爪的赫氏锹甲也不例外。有的昆虫饕餮起来可真是没吃相，有的却随意进餐也能吃出花样来。央视纪录片《昆虫的盛宴》有一段精彩记录：尖峰岭的锚阿波萤叶甲进食慢条斯理，从容不迫地享受着，哪怕危险逼近；为了避开海芋叶的毒素，它将叶子蛀出一个个圆洞，堪与用圆规画出来的圆形相比，锚阿波萤叶甲因而被称为"昆虫中的几何专家"。饱暖思淫欲，昆虫也一样，吃饱了就想传宗接代，"食色，性也"非人类独享。可别小看小小的昆虫，它们虽然个子小，照样气势十足，霸气外露，为"食色"决斗毫不含糊，一旦激战起来，双方非打得头破血流不肯罢休。

观林海日出，是尖峰岭上不可错过的项目。傍晚，我们登上顶峰。一朵朵白云迎面扑来，山峰仿佛飘浮在云层上。晚霞把天边映照得通红，夕阳的余晖将我们浑身镀上金色，渐渐降临的夜幕则给山林染上一层浓重的墨色。尖峰岭上空气负氧离子极高，林间弥漫着花草树木的芳香，来一次惬意的深呼吸，我简直想唱歌。文友们跳跃着喊叫着，举起双臂在空中疯狂地挥舞。我们搭帐篷露营，摘下树枝铺在地上当床垫，无论男女都开怀畅饮，个个比平日里酒量大增，据说是因为这里的空气和泉水无比纯净。篝火熊熊燃烧起来，男同胞竟然闹着要捉老鼠来烧烤，说尖峰岭的每条生物链都绿色无害，被女士们口诛笔伐，只好悻悻然作罢。

晚霞渐渐隐退，夜幕悄悄降临，月亮和群星升起，皎洁的月光洒满幽暗的山谷，清辉笼罩着沉静的山峰，嶙峋的群山万壑变得柔和。海南的星星数量很多且特别干净，尖峰岭上的星星似乎伸手可摘。此时此刻，红尘中的喧嚣全然消退，世界呈现出空灵之美，耳畔只有昆虫低鸣花朵低语，有时也听到树上果实掉落地上的声音。城里未曾有过的这宁静安逸，让我感受到全身心的放松，我静静地仰望苍穹，凝视天空中闪闪烁烁的星辰，体味着德国哲学家康德的心声：世上最美的东西，是天上的星光和人心深处的真实。

鹦哥岭（海南国家公园管理局供图）

　　黎明时分，我虔诚地迎接启明星的显现。山上氤氲着一层薄雾，像一条透明的长纱巾，环绕着山峰轻轻飘荡，我们仿佛在云中漫步。尖峰岭云海翻涌，云雾变幻万千，宛如人间仙境，让人捉摸不透。朝霞从顶空撒下轻柔的光线，森林笼罩在柔和的晨曦中。庄严的时刻到了！顷刻间，壮丽的红日一跃而出，橘红色阳光穿越云朵的缝隙，万丈光芒照耀着大地。

　　"朝阳甫出，而山已明"，随着第一缕阳光跃过地平线，森林里更是显得生机勃勃，万物生灵迎接着朝阳，共同奏响美妙的森林晨曲。远方，壮阔的海面碧波荡漾，散发着迷人的光芒，山海之间气象万千。此情此景，此时此刻，我唯有梭罗那般的切身感受："整个身体只有一种感觉，每一个毛孔都汲取着快乐。"

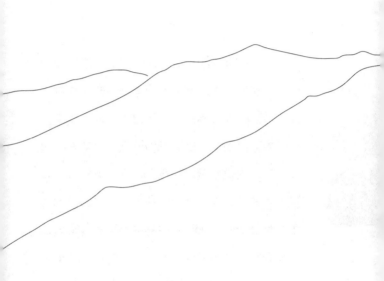

这方热土
海南热带雨林

霸　　　王　　　岭

1800公顷森林覆盖着的霸王岭，是海南热带雨林国家公园交响乐中一段宽广如歌的行板、一首充满诗情画意的交响曲。

二十年前，我在报社当记者时，兼任海南省歌舞团报幕员，经常随团"送文艺下乡"，数年的演出生涯，给我留下最深记忆的是"三月三"去王下乡那次。王下乡地处霸王岭腹地，为昌江黎族自治县的最偏远山区，被称为"中国第一黎乡""黎族最后的部落"，一直保留着最本真的民族风情。农历三月初三是海南岛少数民族地区黎族、苗族同胞的传统节日，简称"三月三"每年的这一天，黎、苗同胞要举行各种节庆活动，省歌舞团总是忙得不亦乐乎，只恨分身乏术。

"大篷车"在崎岖山路上盘旋颠簸，我有

些晕车，但奇美的自然风光不断映入眼帘，又让我兴奋不已，舍不得闭眼休息。山路一旁是奇、险、峻的熔岩地貌，崖岸上有奇形怪状、色彩缤纷的各种图案，仿佛亨利·马蒂斯的狂野线条和马克·夏加尔的梦幻色彩；山路另一边"河水清且涟漪"，河岸繁花似锦，水鸟成群，美得让我意乱情迷，曾经钟情过的那些河流，一下子就黯然失色了。越往深山里走，景色越发奇绝，我仿佛来到《绿野仙踪》中的奇妙世界：古木参天，藤萝密布，奇花斑斓，异草芳香，彩蝶飞舞，小鸟啁啾。童话般的美景告诉我，安徒生童话世界里的森林就是这儿：霸王岭。我贪婪地看着眼前的一切，想起阿尔卑斯山谷中那块著名的标语牌："慢慢走，欣赏啊！"真想对司机也大喊一声：慢慢走，欣赏啊！

　　傍晚到达王下乡政府所在地三派村。三派村，一个宁静古朴的村庄，一片黎族人世代繁衍的土地。简易舞台早已搭好，台下坐满了身着民族服装的观众，妇女衣裙花色图案多是山川树木花鸟虫鱼，她们把大自然穿到了身上。没有热情的队列和热烈的掌声，但有衣着色彩和纯真笑容带来的热度和感染力，孩子们的大眼睛里没有丝毫杂质。趁着团友布置音响整理服装的空当，我偷偷开溜四处溜达。村里椰林婆娑竹林苍翠；一只只青涩的小杧果，像一个个害羞的小新娘，挂在一棵棵杧果树上；果实硕大的波罗蜜，一边开花一边结果，一边还与蝴蝶眉来眼去；芭蕉树很有情调，芭蕉花开分雄雌，更好看的是芭蕉叶，国乐名曲《雨打芭蕉》就是抒写初夏时节雨打芭蕉叶的情景，极

霸王岭雅加松（海南国家公园管理局供图）

富南国情趣。不知为何，在中国古代诗人眼里，芭蕉常与孤独忧愁、离情别绪相关，韩愈、李商隐、杜牧、白居易、李清照、李益、吴文英……都为之写下过柔婉动人的诗词，窃以为，数蒋捷"流光容易把人抛。红了樱桃，绿了芭蕉"一句最为出彩。

当晚的演出就有器乐合奏《雨打芭蕉》，乐器中有海南特有的椰胡。黎族歌舞是不可或缺的节目，《久久不见久久见》更是逢演必唱，这是一首来源于黎族聚居区的海南方言民歌，地域色彩十分浓郁，也是琼州大地上广为传唱的经典歌曲。当晚，我奉团长之命请当地黎族青年男女登台表演，他们原汁原味的情歌对唱、犹如天籁的竹制乐、异彩纷呈的竹竿舞、野性狂欢的"跳木柴"，让我如痴如醉。

海南是全国唯一的黎族聚居区，古老的黎族是岛上最早的原住民，热带气候与原始丛林赋予他们以野性的血液与性情：男子身佩弓刀孔武有力，女子头戴巾帕妩媚多情，只要对歌起舞时情投意合，男女双方便手牵手消失在树林里。

第二天，我没有随"大篷车"回海口，跟阿霞去了她老家洪水村。阿霞在省歌舞团管理服装道具，我们相处得亲如姐妹。四面环山的洪水村，是王下乡一个完整的黎族自然村，田野连着雨林，村舍沿着洪水古河道两侧并列排布，别致的金字屋簇拥着掩映于雨林中，带有一种迷人的梦幻色彩。田园如此丰茂，村舍如此恬静，屋前舍后山花烂漫、瓜果遍地、鸡鸭成群、童子嬉戏，洪水村山川、风物、人情都如此美好，真想留下来当一名村妇。

对于黎族人来说，洪水是他们挥之不去的梦魇，在黎族的传说中，洪水题材占有比重很大的篇幅。黎族人钟爱、敬拜葫芦，葫芦成了他们的诺亚方舟，是引领他们渡海、创世纪的神物。相传在远古时期，黎族先民抱着葫芦渡过云谲波诡的琼州海峡，像哥伦布发现美洲大陆般发现了原始、神奇、美丽的海南岛。他们聚居于雨林山地繁衍生息，在悠久的历史中创造出独特的民族文化。船形屋是黎族最古老的民居，被称为"黎族精神家园的守望者"，早在清代绘制的《琼黎风俗图》中就有体现，已列入国家级非物质文化遗产名录；金字屋既保留了船形屋的营造技艺，又融合了汉族传统的榫卯结构建筑艺术，是黎族民居的更高形式，是黎族的文化标本。洪水村的金字屋群落保存得最为完整，成为黎族民居珍贵的"活化石"，见证着黎族久远的灿烂文明。在我见过的特色民居中，黎族金字屋是非同寻常的杰作之一。

我住在阿霞家，吃地道的黎族竹筒饭，喝香醇的黎家山兰酒，吃山上采来的"黎药"野菜。黎族同胞倍加珍惜大自然的恩赐，与世代相依的雨林相濡以沫，尽情享受这片土地的丰饶，把身边的树木花草运用到极致，让植物成为民族文化的一部分。他们利用"南药"历史已久，黎医黎药与其生活息息相关：家家户户有黎药秘方，他们把黎药泡酒喝、炒菜吃，生病了就采些草药来喝。有很多黎药外人不了解，只有当地人知道它们的功效。在海南岛，多是妇女上山采药下田种稻，对她们来说这是

独木成林（海南国家公园管理局供图）

生活也是乐趣。我白天跟阿霞上山采药，晚上向她学制陶器、织黎锦。

　　大自然深刻影响着黎族人，他们从中汲取宝贵资源，融入民族文化艺术中。黎族只有语言没有文字，口口相传的黎族原始制陶技艺，传承至今已经3000多年，是最古老的不使用任何机械的泥条盘筑法，不用设窑，直接在柴火上烧成。不知为什么，黎族制陶技艺只传女不传男，2007年，它被列入国家首批非物质文化遗产保护名录。黎锦为海南岛特有的黎族民间织锦，纺、织、染、绣均有鲜明的民族特色，黎族女子采用植物作染料，她们也是色彩搭配的高手，织出的复杂图案秒杀现代提花设备。绚美的黎锦，连接着往昔的光辉岁月，

　"黎人取中国彩帛，拆取色丝和吉贝，织之成

锦""黎锦光辉艳若云"，这是古人对黎锦的由衷赞美。早在宋代，黎锦就已远销大陆，"桂林人悉买以为卧具"（范成大《桂海虞衡志》）；宋末元初，被后世誉为"人间织女星"的黄道婆，正是借鉴了黎锦纺织技术，创制出全新的纺车，发起一场纺织业革命，改写了中国纺织业的历史。黎锦改写了黎族的文明史，堪称一部完整的黎族百科全书，2009年，"黎锦技艺"列入联合国教科文组织首批"亟需保护的非物质文化遗产"名录。

即使在今天，黎族人也保留着原始生活的痕迹，阿霞家就保存着用树皮缝制成的树皮衣，他们也懂得古老的钻木取火技艺。黎族有悠久的文脸文身习俗，民俗学家将其称为"身体上的敦煌壁画"，阿霞奶奶脸上的图纹有着奇异的神秘与美感，我很想看看奶奶脸上的花纹，但不被允许，越发勾起我的强烈好奇心。

阿刚是阿霞的哥哥，小伙子总是有些腼腆，说话迟缓轻柔，却是制作藤编和牛皮凳的高手。他尤其擅长制作竹乐器，大竹子小藤竹经他的手一鼓捣，变魔法般就成了奇妙的乐器：口弓、鼻箫、管箫、竹笛、唎咧等等。唎咧这名字逗我发笑，它是黎家特有的乐器，其制作特别讲究也更为巧妙：只取材于山竹尾杆，一寸一节总共七节，节节相套头小尾大，一节一个小音孔。我也想试着学做一把，却完全不得要领，反而浪费了人家一堆好料，很是自责。口弓是黎族男子向女子表达爱慕之情的必杀技，唎咧则是他们休闲时用以自娱自乐的宝贝。黎族文化特别接地气，从黎族人的生活习俗中处处体现出来。

　　一个阳光明媚的早晨，阿刚、阿霞领我去往霸王岭原始密林，沿途看到一片红艳如霞的木棉花海，在微风的吹拂中如跳动的火焰。步行是亲近土地的美好方式，在一路的交谈中，我感知到兄妹俩对家乡发自内心的热爱，他们怀着感恩之心看待自然万物。阿刚爬起树来敏捷勇猛，他就像山里的土地爷，洞悉这片土地的奥秘，能叫出花草树木的名字，连椰子狸会从哪个树洞钻出来都了如指掌。黎族同胞是"森林之子"，对树木有原始崇拜，他们敬天信神，乐天知命，与大自然和谐共生，保持与大自然的沟通能力，这种古老的智慧来自对天与地的敬畏。

　　霸王岭保存着原始的雨林生态，保持着迷人的原始风貌，是海南热带雨林的典型代表：

景观层次丰富，有低地雨林、季雨林、山地雨林等，植被类型多样，有木棉群落、桫椤群落、油楠群落、桄榔群落、萨王纳群落、陆均松群落……因为拥有全国最大的野荔枝群落，霸王岭别名"野荔枝之乡"，每到果实成熟的季节，沟谷中高大的野荔枝树上红彤彤一片，似灿烂的天边红霞，蔚为壮观。

雨林虽繁密，却并非不见天日。阳光透过枝桠照射进来，让整个空间生动起来。微风穿过林间，树木暗中兴奋，树脂从大树上滴落，空气中飘浮着淡淡的芳香。一条清溪在林间静静地流淌，溪水缓缓前进，漫入更深的雨林，最后在一棵大榕树旁倾泻而下形成瀑布，令人愉快的瀑布声在寂静的林中格外响亮。霸王岭上，几十米高的参天巨树随处可见，够三四人合抱的大树比比皆是，它们向四周伸展出粗壮的枝条，像一个个要荫蔽苍生的巨人。那些"根生冠、冠生根"的古榕树，树冠能长到1000多平方米，上面竟密集着数百只鸟儿，让人看傻了眼。听说昌江有棵树冠覆盖九亩地的"榕树王"，令我惊得咂舌；又听说霸王岭有一种浑身长满刺活像狼牙棒的簕榄树，可惜无缘得见。

骄阳当空烤灼大地，我们在遮天蔽日的雨林中，并不觉得酷热难当。森林中的一切生灵，随着大自然的脉搏，快乐而不动声色地律动。阿刚阿霞教我识别绿楠、坡垒、母生、琼棕、海南木莲等热带植物，那幅画面现又浮现于脑海，什么时候想起来都是那么亲切暖心。

长在陡壁上的雅加松，还有树形优雅的海

南油杉，是霸王岭特有树种。海南榄仁、毛萼紫薇是霸王岭热带季雨林的标志种，国家一级保护植物坡垒则大量分布于霸王岭热带低地雨林。霸王岭上近10万亩以南亚松为主的热带针叶林，是海南最大的热带天然针叶林集中分布区。在霸王岭热带山地雨林中，以陆均松为代表的植物顶极群落保存完好。霸王岭有许多罕见的珍稀名木，如野生荔枝王、陆均松王、天料木王、海南油杉王、古老的赛胭脂和鹧鸪麻树等。2017年，中国林学会评选出85棵"中国最美古树"，海南仅有的两棵都在霸王岭，一棵是有1600多年树龄的陆均松，另一棵是有1130年树龄的红花天料木，两棵树都30多米高，都需要七八个人合抱才能抱住。

"霸王岭归来不看树"，可不是浪得虚名。

俗话说"良禽择木而栖"，野生动物自会择地而居。霸王岭有野生动物365种，其中50多种列入国家一、二级保护名录，40多种列入《中华人民共和国政府和日本国政府保护候鸟及其栖息环境协定》，10多种列入《中华人民共和国政府和澳大利亚政府保护候鸟及其栖息环境的协定》。

在漫长的地理隔离中，数百种野生动物（特有亚种）渐渐进化成海南特有种，大多能在霸王岭找到它们的踪影。以发现地命名的霸王岭睑虎，属于霸王岭特有种，地球上其他地方你不可能看到它。海南孔雀雉极其稀少，也仅见于霸王岭。

霸王岭当之无愧的霸主，是地球上独一无二的海南长臂猿，它是海南热带雨林的标志性动物，有"热带雨林中的精灵"之美名，全世界就海南岛才有，海南岛也就霸王岭有。

海南长臂猿是仅存的四大类人猿之一，是灵长类动物中最显赫的名门望族，也就是说，生活习性与人很相似的它是人类的近亲，不管你愿不愿意承认。"黑冠没尾"是它的体貌特征，不长尾巴是它"类人"的重要标志，它们时髦的"黑冠"弥补了皮毛纯色的不足。海南长臂猿幼时雌雄同色，成年后，公猿是清一色的威武刚猛黑金刚，母猿通体毛发金黄光彩灿灿。

学术界对海南长臂猿的分类争论不休，这更显出它们的珍贵。

只有在原始季雨林中，海南长臂猿才能安身立命。在森林里，最好的位置就是在树上，高智商的海南长臂猿就是完完全全的树栖动物，对大地不屑一顾，终生脚不沾尘。它们仙气儿十足，只饮树叶上的露水，食物以雨林原生植物的嫩芽、浆果、花苞为主，野荔枝是它们的佳肴，榕树果实是它们的最爱。它们虽然基本吃素，但有时也吃零食解解馋，比如掏几个鸟蛋换换口味，抓几只小鸟打打牙祭，昆虫也上了它们的菜单。它们极其机警，一有风吹草动便迅速消遁，超长的四肢能使它们快如闪电从树梢上飞过。它们极其神秘高贵，生前极少让人目睹姿容，死后也不让人看到尸首。

跟人一样，海南长臂猿也组建家庭，首领是家族的支柱。它们的领地意识很强，每天太阳初升时，首领引吭高歌，悠长的啼声在林间回荡，这是对领地的宣示。它们对爱情从一而终，倘若伴侣去世，配偶会哀鸣至死，相比天性见异思迁的人类，它们才是"问世间情为何物，生也相从，死也相从"的典范。

海南岛曾经遍地猿猴，"琼州多猿"——清代李调元在《南越笔记》中写道。曾经由于滥垦、滥伐、滥采、滥猎，海南长臂猿难以适应不断变化的环境，一度濒临灭绝，成为全球极度濒危物种、全球最濒危的灵长类动物。可喜的是，海南人民的环保意识被唤醒了，热带雨林得到了有效保护，自然生态空间得以扩大，加上每个护林员的日夜守护，海南长臂猿现在享受着岁月静好，2020年喜添了可爱的新生命，种群数量已升至5群33只。喜讯不断传来：2020年8月，国家林业和草原局依托海南国家公园研究院，成立国家林业和草原局海南长臂猿保护研究中心，旨在吸引和汇集全球范围内的顶尖人才和科研力量，共同致力于海南长臂猿保护；2020年12月17日，世界自然保护联盟、海南国家公园研究院联合发布《长臂猿保护行动计划》，在国内外产生了广泛影响。海南长臂猿会越来越好运的，祝福它们。

多年没上霸王岭了，多少次在梦里，它"一枝一叶总关情"，因为阿霞，我跟它的缘分一直没断。已经回到家乡安居的阿霞告诉我：2018年，王下乡被生态环境部评为全国第二批、海南省唯一的"绿水青山就是金山银山"实践创新基地；2020年底，王下乡被评为第六届"全国文明村镇"。真希望尽快再去到王下乡，去探望我的黎族好姐妹，去探访6万年前古人类洞穴遗址钱铁洞，去探寻海南最早人类的生产与生活场景，去探索五勒岭下神秘的皇帝洞。

海南长臂猿（海南国家公园管理局供图）

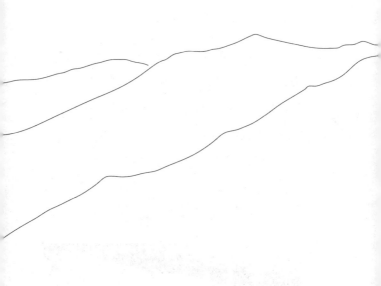

这方热土

海南热带雨林

吊罗山

吊罗
山

在兽类中，我最喜欢明星物种兼旗舰物种：豹。豹子可真是帅呆酷毙，只要它一出现，光芒便掩盖了所有动物。一提到它们，我都有点小激动。

雪豹、猎豹、花豹、云豹、文豹、黑豹、金钱豹、美洲豹……哪个不身材矫健，哪个不身手敏捷，哪个不气度高华？它们集华丽与威猛于一身，一半是天使一半是魔鬼，毁誉参半。虽然国人用"豺狼虎豹"来骂人，但豹子的魅力让我无法抗拒，它美得简直没有良心。看过《动物世界》吧，只要被豹子盯上了，一眨眼的工夫，猎物就手到擒来，遇到它便无处可逃。我曾在《体坛周报》专栏文《我爱球迷》中写道，"我真喜欢绿茵场上的健儿，喜欢他们豹一般的快捷……"

　　曾几何时，海南野兽遍岛，"兽踪交蹄，鸟嚎谐穆。惊踪朝射，猛豨夜逐"，这是苏东坡流放到海南后写下的诗句，描述的就是他在岛上的亲眼所见，那时候，人与兽之间，常有互相打量，时有亲密接触。随着人类活动不断扩张，受到威胁的野兽们步步退却，离人类越来越远，与人的关系越来越紧张，人们只能在深山老林中才能惊鸿一瞥。海南全岛现仅剩一百多种兽类，其中国家一级保护动物三种：海南长臂猿独占鳌头，我钟情的云豹屈居第二，"原野精灵"海南坡鹿位居第三。

　　云豹体色金黄，背上覆盖着大块的深色云状斑纹，斑纹状如龟背饰纹，身上错综复杂的图纹令人眼花缭乱。没错，这家伙就应该叫作云豹。俗话说"鸡鸭成群，虎豹独行"，云豹是四处流浪的动物，这家伙就是个独行侠，没有亲朋好友，也不需要爱情，更不建立家庭。老话说得好，"站得高，看得远"，大多数时候，云豹悄悄地猫在树上守株待兔，而且总是在暗中行事，夜晚才是它的主场，即使在漆黑的夜里也能准确锁定目标。它还是天然的伪装大师，所以极少被人发现。"不要迷恋哥，哥只是个传说"。而今，云豹差不多是神一样的存在，只有一些村民在吊罗山曾窥斑见豹，可见吊罗山国家森林公园的原始性。

云豹是吊罗山的带头大哥，海南脆蛇蜥则是吊罗山的流量明星，它在吊罗山被发现，属于国家一级保护动物，被"世界自然保护联盟"列入濒危物种红色名录，被《中国生物多样性红色名录》列为"易危"；国家二级保护动物海南兔和椰子猫，也在吊罗山开辟自己的领地，它们都生性孤僻、喜独居生活、爱夜里行动，同被《中国濒危动物红皮书》列为"易危"。海南兔是中国特有种，也是体型最小的中国野兔，萌萌哒的模样和神态十分可爱。

扼海南岛东西要冲的吊罗山，主体在陵水黎族自治县境内，跨陵水、琼中、保亭、万宁4市县，纵横近百余平方公里，森林覆盖率达97%，是中国乃至世界极为珍稀的原始热带雨林区。友情提示一下，若无当地向导带领，切勿擅自入山，不信的话你试试看，吊罗山会让你进去了就出不来、走远了就回不来。

这趟海南之行，是我与先生的度假之旅。从国外回来的先生想"小隐于林"，首选目的地

吊罗山枫果山瀑布（海南国家公园管理局供图）

就是海南。我的首选目标是吊罗山，自然是被云豹勾了魂，虽然明知大概率是痴心妄想，但梦想还是要有的，万一实现了呢？先生讥笑打击我，不过还是舍命陪君子。

驱车从海口走东线高速公路前往陵水，一路细雨朦胧景物模糊，一过牛岭便艳阳高照。这就是牛岭"牛头下雨牛尾晴"的奇观。牛岭横跨海南岛中部，是一道重要的分水岭——不仅是海南岛南、北地理分界线，也是热带与亚热带气候的分割线，还是陵水县与万宁市的行政分界线，并且是海南少数民族文化与汉族文化的人文分割线。登上牛岭，郁郁葱葱的分界洲岛尽收眼底，像一块巨大的绿宝石。它是中国首个海岛型5A级旅游景区，幽蓝的海水、苍茫的绿洲，使我弟弟（音乐家）情有独钟，他自发为之创作并演唱歌曲《海韵天堂》，被海南电视台拍成MTV，中央电视台综艺频道也多次播放。

初春的海南，阳光带着花生奶糖的香味，沿途傲立的椰子树、怒放的三角梅，让阔别多年的我对海南的记忆渐渐清晰起来。

海南被称为"椰岛"，种植椰子已有2000多年的历史，汉代《南越笔玩》中这样写道，"琼州多椰，昔在汉成帝时椰子席，见重于世"，可见海南椰子为汉朝贡品，至宋代，随着商贸兴起，大量椰子跨海输往中原大陆。三角梅美丽而不妖媚、繁盛而不呆板、灿烂浓烈而又清新脱俗，无论在庙堂还是山野，无论在春夏还是秋冬，它都蓬勃生长，花朵怒放。坚韧不拔的椰子树和三角梅，成为海南人的象征，受到广大群众的喜爱，在海南全民参与的"省树""省花"评选中，椰子树"力挫群雄"脱颖而出，三角梅"艳压群芳"笑到最后。听说陵水南湾花镇是一片三角梅花海，我坚决要求改道前往。想想看，200余万株三角梅怒放，那是一场多么盛大的花事；5000多亩三角梅簇拥，又是多么壮美的一片风景！

为了让喜欢齐天大圣的先生开心，我提出增加南湾猴岛一日游，他说"这个可以有"，果然像打了鸡血针般立刻兴奋起来。

乘坐亚洲最长的跨海观光索道前往南湾猴岛，天下奇观"海上人家"一览无余。三面环海的南湾半岛，生长着一群终年飘荡在海上的渔民，大海才是他们的理想家园。海洋生活远不像日出而作，日入而息的田园生活那么平静安宁，而是充满了危险，夹杂着海难的悲伤和收获的欣喜。这些靠捕鱼为生、以舟楫为家的人自称"疍家人"——"疍"同蛋，意为生命脆弱易碎——他们自成一体，有着独特的民俗和语言。

声名在外的南湾猴岛，是世界上唯一的岛屿型猕猴自然保护区。其实南湾猴岛上还有三个自然村，只不过猴子成了喧宾夺主的"岛民"。

一进入猴岛广场的大门，一座猴子雕像一下就吸引了我的目光，它端坐于达尔文著作《物种起源》上，一手捧着人的头盖骨，另一手托着腮帮子，煞有介事地思考着"猴生"。这个令人忍俊不禁的雕塑，是美国著名红色资本家哈默博士赠送给苏联领袖列宁的礼品复制品。地摊上的猴子椰雕，一副逗人发笑的滑稽模样，我正想掏钱买下，听得身旁戴眼镜的老学究不满地嘀咕："让猴子戴眼镜，真是对知识分子的大不敬！"我忍不住哈哈大笑，惹得旁人对我侧目而视。椰雕是海南特有的工艺品，从唐代开始就有了，古代官吏常以它进贡朝廷，曾被誉为"天南贡品"。

经过多年的管理和驯化，南湾猕猴早已训练有素：哨声一响，它们便呼啦啦连蹦带跳奔下山来，眨眼工夫便集合完毕，猴队长率领众猕猴举旗迎宾，游客尽可随心所欲挑选节目：或欣赏它们令人捧腹的猴艺小品，或欣赏它们充满灵性的猴戏表演，或欣赏它们的潜水、跳水、游泳技能，或欣赏它们国内首创绝无仅有的高难度空中杂技……

有一首歌唱道"原谅我一生放纵不羁爱自由",世上就有人不慕荣华富贵,恪守"不自由,毋宁死"的人生信念。有的猴子也一样,宁死"不肯为五斗米折腰"。南湾半岛就有这么一群猴子,不愿与人打交道,更不愿被人"当猴耍",从而踏上没有回头路的流浪之旅,翻山越岭来到南海石林,在南湾半岛的这处世外桃源安家落户。为了得到足够的食物,它们得花大半时间来觅食,不过为了自由和尊严,它们心甘情愿。

话题出圈了,言归正传。或许可以说,在海南热带雨林国家公园交响曲中,吊罗山是最低调的一段属调(G大调)。

吊罗山是一处独特的奇迹之地,被极为珍稀的原始热带雨林覆盖着,丛山老林里有许多奇异独特的动植物，"对游客产生一种不可抵御的魅力"（原美国夏威夷国家森林公园负责人丹泰勒先生语）。吊罗山还荣登过"中国森林氧吧"榜单，在测定的同类森林中负氧离子最高。然而，在海南五大原始热带雨林中，吊罗山的名气不够响亮、头上光环不够耀眼，其实，若论动植物品种的典型性、丰富性、珍稀性，"生物物种基因库"吊罗山应拔得头筹：有记录的植物达3500多种，有记录的脊椎动物360种……

与泰山差不多等高的吊罗山，峰峦叠嶂，坡陡谷深，是户外探险猎奇者的心头之好，但要转几百个弯攀爬上山，我和先生实在不敢造次，为了安全起见，我们回到陵水县城，请熟人介绍了一个代驾。友善的代驾提醒我们：吊罗山雾气笼罩、地面潮湿、瘴气蛰伏，蚂蟥、毒蛇、虫类特多，像这样的山区全国也为数不多，一定要做好各种防护措施。于是我们大肆采购，上山前把自己武装到牙齿。

原始野性的热带雨林，来到了我们面前。这是一个草木疯生疯长的植物王国，是无数植物精灵的家园，各种濒危、珍贵树种隐现其间，如子京、红稠、黑稠、鸡尖、花梨……最具代表性的是"见血封喉"，中国最大的"见血封喉"就在吊罗山。"见血封喉"是世界上最毒的树，没有之一。在吊罗山能见识到不少奇树异木：果似腊肠的吊瓜树，能让人味觉变甜的神秘果，号称"地球植物老寿星"的龙血树，原产热带非洲的火焰木，树冠庞大而体态优美的雨树，具神奇医疗功效的野生茶树，永远两

吊罗山风光雨林沟谷（海南国家公园管理局供图）

株相接母子相连的母生树，"树上有树，双树叠生"的古老天琴树，坚硬无比、比重比水还大的铁力木，形态奇异的面包树、腊肠树，海南特有的国家保护濒危植物青梅、坡垒，来自世界各地的"名木"红木、柚木、檀香木、紫檀木、桃花心木，海南湿润雨林的标志种、列为"渐危"的国家二级重点野生保护植物蝴蝶树……数不胜数，不胜枚举。

传得神乎其神的吊罗山"神树"，是一棵器宇轩昂的陆均松，据说历经了1500多年沧桑，是它一直护佑着这片多情的土地。

奇形怪状的藤萝交错，散发着神秘可怕的气息，充满着原始野性的魅惑，张扬着令人窒息的美丽。巴豆藤长得无边无际，蜈蚣藤活脱脱一条大蜈蚣，蟒蛇藤简直就是一条大蟒蛇，扁担藤是天生的大扁担……"黄金索"是生长500年才能形成的百米气根，简直成了精。金钟藤是海南本土热带植物，却是侵略性极强的冷面杀手，被它纠缠上的树木都难逃一劫，它是雨林中疯狂的恶魔，雨林遇上它的"魔爪"就在劫难逃。山歌唱道"山中只见藤缠树，世上哪见树缠藤"，然而在吊罗山就有树缠（吃）藤，这似乎有违自然法则，但它是我们眼前活生生的现实。代驾不时告诫我们：一些野藤带刺有毒，人碰到了皮肤奇痒无比，"只可远观不可亵玩"，千万不要有身体接触。

　　"芝兰生于深林，不以无人而不芳；君子修道立德，不以穷困而改节"，自古以来，兰花高洁清雅的君子之风，成为国人的立身典范和精神追求。兰科植物是热带花卉中最赏心悦目的花草，吊罗山生长着海南最多的兰花，其中有提制香精的"花中之王"依兰香、"食品香料之王"香兰草、"三大膏香"之一吐鲁香，还有名贵的五唇兰、象牙兰、冬凤兰……近年又有两种海南新记录在吊罗山发现：艳丽齿唇兰、钩梗石豆兰。

雨林瀑布是吊罗山的精髓，让它成为与众不同的热带雨林，不少旅游观光者就是慕"百瀑雨林"之名而来的。吊罗山茂密的雨林中，到处是奇异的峡谷飞瀑，在飞瀑迷蒙的水雾中，树木显得更为高大。石晴瀑布一路蜿蜒，随地势跌宕出一连串飞瀑，荡涤着每一位旅客的心灵。托南日瀑布状如玉女临风仙袂飘举，当地苗语"托南日"意为"仙女"，因其形态袅娜极具意趣，尤受青年男女青睐。最著名的是枫果山瀑布群，大、小瀑布有十余级，从峭壁上飞流直下，雷鸣般的声音使人发抖，瀑面时现彩虹穿瀑的奇观。不过，要一睹"海南第一瀑"枫果山瀑布的真容，必须上下1700级台阶，令膝盖受过伤的我望而止步。

对于军事迷来说，"吊罗山剿匪"才是他们的兴奋点。二十世纪五十年代，藏匿于吊罗山的14000多名土匪被肃清，二十世纪六十年代，空降到吊罗山妄图"建立海南少数民族基地"的派遣特工全部落网……

吊罗山是海南苗族同胞的革命圣地。二十世纪上叶，历史风云激荡，革命风起云涌，为避乱世，彼时海南岛唯一的苗族总管陈日光，率领族人在吊罗山巅建营造寨。然而，陈日光胸怀远大理想，意图探索民族救亡道路，不可

霸王岭热带雨林大观（海南国家公园管理局供图）

能真的"躲进小楼成一统",苗族首领终究出山。1928年夏,陈日光成为海南苗族首位中国共产党党员,不久,太平峒苏维埃政府在吊罗山区成立,他担任党委委员、区苏维埃副主席。"苗王"的号召力非同寻常,在其带领下,海南苗族同胞纷纷投身革命。1944年秋,海南岛第一支苗族抗日武装——吊罗山苗族人民抗日后备大队宣告成立,陈日光儿子陈斯安出任队长,不幸的是,敌人偷袭吊罗山,陈日光与20余名苗民被捕。敌人定下毒计:若陈斯安肯来坐牢,除了陈日光,其他苗民可以放回。为了救出同胞,陈日光给儿子写信"愿我父子同死,救出众乡亲",为了救出同胞,陈斯安毫不犹豫前来就死。父子俩受尽酷刑宁死不降,同时于同一地点被残酷杀害。青山垂首江河挥泪，英烈父子魂归吊罗山，民族英雄受到海南苗族同胞世代景仰。

一阵风吹过来，林涛阵阵如歌如泣。

泪水模糊了我的双眼，我抬起头仰望天空。阳光正穿越珍珠色的积云，云朵泛着耀眼的银光，那么明亮、轻盈而又厚实。吊罗山上，高雅兰花漫山遍野，这"花中君子""王者之香"，正是"海南苗王"的象征。我们来到陈日光、陈斯安烈士墓前，为这对赤诚忠勇的父子，为两位舍生取义的英烈，以及所有牺牲在这片土地上的革命烈士，敬献亲手编织的兰花花圈。大山静默，草木悲泣；我深深鞠躬，泪洒衣襟。

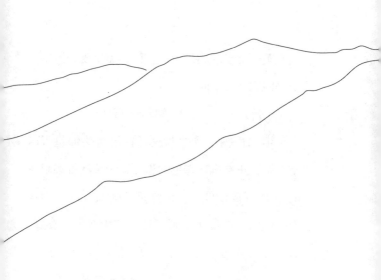

这方热土
海南热带雨林

黎　　　　母　　　　山

黎母
山

从空中俯瞰，海南岛颇为神异——酷似汪洋中的一只灵龟，龟背上横亘着黎母山和五指山两大山脉，它们一阴一阳相互呼应。黎母山是海南岛绵延最长的一组山地，沿着完整山脉的轴线伸展，远处还有无数连绵起伏的山脉，浩瀚的林海莽莽苍苍，无边无际，让我的视觉和心灵都受到震撼。

在海南热带雨林国家公园这部交响乐中，黎母山是一段变奏曲，也是最为欢快的乐章。

黎母山位于琼中黎族苗族自治县。琼中地处海南岛的中心，是海南的心脏和肺叶。海南岛上空的彩云，是从黎母山飘出去的。山势雄伟的黎母山，终年云缠雾绕，复杂多样的地形地貌，形成混合交错的立体气候，生成多种不同的生态景观。山高路险，道路阻塞，使黎母山极少受到打扰，古老、名贵植物触目皆是；黎母山繁茂连片、结构复杂的常绿阔叶林，其性质之原始、面积之广大、保存之完好，堪称世间罕见。

热带雨林是一个复杂的森林社会，残酷的丛林法则无所不在，植物绞杀现象就是植物界弱肉强食、你死我活的典型。绞杀植物大多是榕树，它的种子落到易于榕树生长的树干上生根发芽后，其根就植入被绞杀植物的底部与被绞杀植物争夺养料和水分，后者不敌前者渐渐地成为"空心"树而死去，这就是惊心动魄的"植物绞杀"（"绞杀刽子手"还有藤萝，为了自己的生存和发展，它必须与大树竞争，它将恶魔之手伸向树干，直到大树被它活活勒死）。当榕树完成绞杀过程后，枝桠逐步向四周扩张，气柱根向下深入土壤形成新的"支柱根""支柱根"和粗大枝桠的树干交织一起，形似稠密丛林，这就是"独木成林"的奇特现象，它颠覆了我们对"独木不成林"的认知。黎母山有一棵千年古榕，气柱根、支柱根盘根错节，树冠面积有小半个足球场大，是非常壮观的"独木成林"。寄生也是一种既神奇又可怕的生存形式，"寄生一族"如兰科、天南星科、凤梨科、萝藦科和蕨类等上百种植物，特别是外形奇异的鸟巢蕨，总是寻找适合它们的树干，以期附着于树上过寄生虫的生活。各种形态的古木与藤蔓纵横交错，树冠的枝杈上布满兰花、鸟巢蕨等各色植物，营造出一个立体的花园，是为"空中花园"。垂暮的老树，在一两根枝头上开出娇媚艳异的花朵，焕发出异

独木成林（卢刚 摄）

样的生命华彩，这是"老茎生花"……这些别具一格的热带雨林特有景观，在黎母山热带雨林屡见不鲜，让人瞠目结舌，叹为观止。

各种野生动物、药用动物、观赏动物和珍贵经济动物，也都想在黎母山赢得一席之地。黎母山生息着上百种野生动物，其中十多种是海南特有种，属国家级、省级重点保护的珍稀濒危野生动物有数十种。上山前，朋友们再三嘱咐我：山上时有野猪出没，下雨天野蜂成群，山蚂蟥无孔不入，千万要注意安全。

在黎母山山顶，高大的石壁上有东坡手书，"奇峰望黎母，何异蒿与邛"是苏东坡对黎母山的赞美；"黎婆孤标天柱峰，分明银管淡烟笼。一从三殿振宸藻，五色云霞傍六龙"，明代状元朱之蕃的诗作，道出了黎母山的神奇与奥妙。

热带雨林中河流密布，海南也有"三江源"，它就是黎母山。南渡江、万泉河（北源）、昌化江，海南这三大江河都发源于黎母山。江河带来水源，也给万物带来生机。缪尔说，"森林是河流的源泉，也是生命的源泉"，黎母山正是这句话的注脚。在黎族烂漫的神话传说中，形似女体的黎母岭是祖先的发祥地，自古被视为"黎族的圣地"。古籍《图经》载："传说雷击蛇卵得一女，居此生黎族，故名黎母。"

为祀黎人之祖，元代曾在琼州府城建有黎母庙，明代永乐四年重建。黎母山上的黎母庙建于何时，现已无从考证，庙里的黎母石像自然天成，真是一个不可思议的奇迹。黎母石像是黎族的始祖圣像，每天都有黎胞前往朝拜祈

南渡江之源（海南国家公园管理局供图）

求赐福，特别是在每年的"三月三"，黎母山上善男信女络绎不绝，成为罕见的深山盛会。山上黎族祖先刀耕火种的遗迹，让人触摸到黎族文明的原点；山巅的"大元军马到此"勒石，让我喟叹黎族同胞的历史遭际。

对黎人来说，黎母山是一座圣山；对道人来说，黎母山是一座神山。道教著名洞天黎母山，有着不少神话传说，也成就过不少道界神人，最著名的是海南第一位本土名人白玉蟾。白玉蟾天才横溢，慧悟超绝，可恨应童子科却遭遇庸人，壮年时上书朝廷却石沉大海，命定他当"割绝尘累"转而志于道游于艺。他先到黎母山拜师修炼，后游学四方，"平生博览群经，无书不读，为文制艺，无所不能"。游历到武夷山时，他与朱熹过从甚密，朱熹向"精通三教，学贯九流"的他认真讨教。白玉蟾是史上最先指出"大自然无限"之人，比意大利科学家布鲁诺提出这一观点早500多年；"我命由我不由天""名显不如晦，身进不如退"等等，是他留下的千古名言。白玉蟾成为"道教宗师第一文笔"，被尊为道教南宗第五世祖，暮年被皇帝授予"紫清真人"称号，"为国升座"主醮事时"观者如堵"。走遍千山万水的白玉蟾，最终思乡心切回到海南，相传在文笔峰羽化升仙。

海南岛近现代史上，黎母山与王国兴——一个地名与一个人名交相辉映。七十八年前，被称为"黎头"的黎族领袖王国兴，领导黎、苗族同胞发动白沙起义，在黎母山区坚持最后的游击战争，为琼崖抗日战争的胜利立下了不

南渡江主要支流的源头（海南国家公园管理局供图）

可磨灭的功勋，为解放战争谱写出中国少数民族革命斗争史的辉煌篇章，琼中因此成为闻名遐迩的革命根据地，毛泽东主席曾高度评价道："中国少数民族自发起义，主动寻找共产党，消灭国民党，建立革命根据地，只有王国兴一人。"

并非所有热带雨林都"人迹罕至"，与黎母山一脉相承的"小黎母山"百花岭，是"隐藏在城市中的热带雨林"。从热闹的琼中县城到百花岭"神奇雨林"，区区六公里路程，穿过一座檐角飞翘的百花廊桥，踩几脚油门就到了，是一场说走就走的雨林探秘之旅。

传说百花岭因百花仙子与黎族青年的爱情故事而得名，这毕竟只是传说；百花溪因花落满溪而得名，却是眼见为实。温煦的阳光，洒遍了沟谷和山坡，洒满了活泼泼清亮亮的溪流，让我不由自主想起美国自然文学作家缪尔说过的话，"你要让阳光洒在心上而非身上，让溪流从心上淌过而非从身旁流过"。百花大瀑布落差超过300米，是亚洲落差最大的雨林瀑布，号称"亚洲雨林第一瀑"。百花岭有一株遐迩闻名的高山榕，是一棵由许多支柱构成的大树，冠幅庞大占地数亩，犹如一个树木大家庭，人们称之为"母子榕"，蔚为大观。"黄四娘家花满蹊，千朵万朵压枝低。留连戏蝶时时舞，自在娇莺恰恰啼。"杜甫这首诗用来描述百花盛开的百花岭正合适。具有丰富热带雨林资源的"小黎母山"，而今华丽丽变身为国家4A级旅游景区：百花岭热带雨林文化旅游区。

举世闻名的记者作家马尔克斯认为，"最

幸福的生活，莫过于上午在森林，晚上置身于都市"，然也。曾经受命采写黎族基层干部长篇通讯，我春夏秋冬每个季节都到访过琼中，多次登上大、小黎母山，它们的美好深深地镌刻在记忆中。"这个欢快又务实的小城，从此以后，就不再需要作家了，它在等待着游客。"加缪对北非奥兰的颂扬，正是我对琼中和黎母山的祝福。

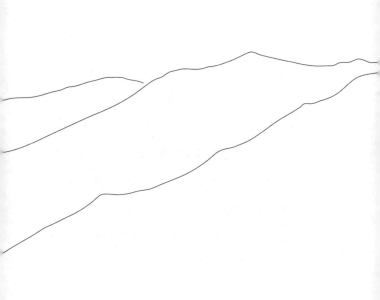

这方热土

海南热带雨林

獼　　　猴　　　岭

猕猴
岭

与海南长臂猿不同，海南狝猴家族可是人丁兴旺。

海南狝猴的来源，流行着种种传说。一个说法是，很久以前英国商人将狝猴贩运香港，途经南海时遇上风浪不幸翻船，猴子死里逃生泅水上岸跑入海南山林，年长日久繁衍成群；另一说法更神奇，海南狝猴是孙悟空的后裔，是大圣当年拜见南海观音期间留下的血脉，具有非比寻常的高贵血统。

世人多晓南湾猴岛是"狝猴乐园"，殊不知狝猴岭是海南狝猴的"狝猴王国"。海南第三高峰狝猴岭，山上虽怪石嶙峋，森林覆盖率却达95%，呈现出树木荫翳、草木畅茂、枝柯交错、藤蔓盘连的原始热带雨林景观。海南狝猴是狝猴岭真正的主人，不过，三十年前，中央民族学院教授在猕猴洞发现了史前人类文化遗址，证实古代黎族先民在此居住过。

猕猴洞深百余丈，洞口林木茂盛光影变幻，洞内面积2000多平方米，石笋、石像、石幔、石乳丛生，晶莹剔透，令人眼花缭乱；岩洞洞里有洞，洞中洞形似一座寺院，"寺院"正中的天然大石佛，双目紧闭、手持念珠、盘膝而坐，石佛前一组小和尚石像，貌异神同、正襟危坐、合十念经，"寺院"后的石柱恰如一座古钟，用手重击即发出声响，余音袅袅。猕猴岭"天生一个仙猴洞"，现已成为网红。

猕猴岭位于东方市。东方市其实位于海南岛的西部，这个"东方"是黎语地名，与地理方位并无直接关联。东方日照强烈、气候干旱，却盛产"二金"：黄金和"木中黄金"花梨。

在狝猴岭的西面，是中国对外开放最早的八大港口之一八所港，千万年来，北部湾的惊涛骇浪从未停止冲击它长长的海岸线。

狝猴岭前的大广坝河，有"亚洲第一长坝"之称，蓄水长达52公里、水面面积100多平方公里，使狝猴岭形成山水相依相绕的美丽景观。大广坝河畔是海南坡鹿新的乐园，在这片水草丰美的地方，成群的海南坡鹿悠然觅食、追逐、嬉戏。海南坡鹿是海南特有种，也是中国最珍贵的鹿。顺便科普一下，海南水鹿跟海南坡鹿不是一回事。海南水鹿是海南岛上最大的陆栖兽，也是国家二级保护的珍稀野生动物，"世界自然保护联盟"将海南坡鹿、海南水鹿分别列入"濒危物种""易危物种"。

狝猴岭森林几乎囊括海南所有珍稀树种：

龙尾苏铁、阴生桫椤、油丹、白桫椤、海南紫荆木、石碌含笑、海南油杉等，有各种野生珍贵南药材，还有在海南都十分罕见的大片青梅群落。椰树、荔枝、香蕉、杨桃、槟榔、山竹、波罗蜜等果树遍布全岛。猕猴岭并不只有猕猴，它是数百种野生动物的家园，其中珍稀动物、国家级保护动物各数十种，列入《濒危野生动植物种国际贸易公约》（CITES公约）、《中国濒危动物红皮书》的珍稀动物各数十种，属于海南特有种、特有亚种的飞禽走兽数十种。

当然，猕猴岭的主角是海南猕猴。小家伙们体型小，头顶无"旋毛"，性格机警多疑，过着群居生活，每群猕猴由一个猴王统领。

有科学家说"人类诞生于海洋"，但我觉得说人类诞生于森林更靠谱，只要看看自己的近亲就一目了然，海南猕猴握着一面朝向我们的镜子，似笑非笑地告诉我们：人是进化的猿猴，而非下凡的天使。的确，猴子与人类的相似度极高，或者说，人类与猴子的相似度极高。人类与猴子的相似性不仅仅是外表上的，曾在《参考消息》上读到一则报道，标题为《研究显示老板展示权威的行为酷似猴子》，因为喜欢我留存了剪报，现摘录几段以飨看官：

　　你的老板喜欢在办公室昂首阔步吧？他精心打扮自己，高傲地挺着胸脯，甚至打上一条红色领带炫耀自己多么有情调。其实，老板的这些行为都是一种动物的本能，跟很多动物的行为是一样的，尤其像猴子和黑猩猩。

　　新南威尔士大学的研究人员与数百名经理和雇员见面，最终得出的结论是，在每一个工作环境中，老板就像占据统治地位的动物一样，时刻不忘标划他们的地盘，维护他们的权威和展示他们的才能……据领导这项研究的教授杰弗里·布莱斯怀特说，在办公室内，老板的这种行为是为了维护他们的领导地位。

布莱斯怀特解释说，从进化的观点来看，大约有200个物种懂得昂首阔步和抬头挺胸的意义……也许这一特征留在了我们的基因内。为了证明他们的身份，老板使用比别人更大的椅子，说话声音更大，而且会更加频繁地打断别人……

很多物种中有大男子主义倾向的动物。尤其是猕猴和黑猩猩，它们表现自己权威的方式跟男老板非常类似。"

让我们深入了解一下海南猕猴的秘密生活吧。

海南猕猴有着强烈的好奇心，有些离经叛道

的坏家伙，还学着吸烟喝酒。它们活跃好斗，有强烈的原始攻击欲，经常拉帮结派肆意妄为，以"帮伙"为单位一起在丛林里游荡，成为一股蓄意挑衅的黑恶势力，甚至给游客也造成骚扰，有的"混蛋"居然见到红衣女游客也扑，太不像话了。

跟人类一样，海南狝猴最感兴趣的是权力与性。雄猴终身为权力美色打斗，为了争夺统治权和更多的交配权，即使面对同类也毫不留情，经常大动干戈，拼得你死我活。征服和占有是猴王吸引母猴的有效手段，也是母猴听命于它的根本依据；母猴的天命是卖弄风情取悦猴王，从而寻求生存依赖和生命保护。作为人类的远祖和亲戚，不知道是它们给人类遗传了基因，还是人类把它们给教坏了。不过话又说回来，猿猴政治的起源，其实比人类更为古老。

　　猴王大约每三四年就要进行一次权力更迭，类似于美国总统选举，不过它们既不拉选票也不搞舞弊，而是奉行强者为王的丛林法则，谁拳头硬谁就是王，就问你服不服。争夺领袖之位，意味着一场混战开始，只有强壮勇敢的大块头才敢于挑战对方。挑战或许带来毁灭，或许带来机会，但想要拥有至高无上的权力，想要三宫六院妻妾成群，野心勃勃的雄猴就必须冒险。一番激烈的厮杀鏖战后，"旧世界"被打个落花流水，失败者夹着尾巴逃跑流离失所，胜利者耀武扬威号令天下，猴王陛下新的暴政统治周而复始：赢家一统江山，领地里所有雌性成为它的后宫。

　　新领袖登基后第一件事就是出来走几步。从它坚定的步伐、沉毅的眼神中，从它自信满满高高翘起的尾巴上，每只猴子都感觉到了它的变化。在猴群中，只有猴王的尾巴可以高高翘起，如果其他猴子胆敢也翘尾巴，意味着一场血战在所难免。人们说"一骄傲就翘尾巴"，批评别人"尾巴都翘到天上去了"，告诫自高自大者"不要翘尾巴"，大概来源于此。

猴王有着绝对的特权：美食先尝，美"女"独享。别的猴子不敢羡慕嫉妒恨，倒纷纷递上效忠猴王的投名状。猴王外出巡幸，尾巴一翘高视阔步，群猴立刻跟从，鞍前马后侍驾，猴王所到之处威加四方，草民慑于淫威四散退让。毕竟没有进化到文明社会，猴王精虫上脑想临幸哪个猴"姑娘"便直扑，霸王硬上弓就是它的行为法则，它可不会来含情脉脉那一套，也不屑费心思去讨母猴的欢心。"王的女人"是猴王的禁脔，绝不允许别的公猴接近，若有哪个色胆包天的不长眼，轻则扫地出门重则斩首示众。总之，猴王欺男霸女不可一世，端的是"山中无老虎，猴子称霸王"。

有权力就有责任，绝对的权力导致绝对的责任担当。猴群各有各的地盘，有自己较为固定的活动领域，群与群之间基本老死不相往来，宁可血拼也不愿共享领地。随着新秩序的建立，猴王必须保护成员的安全及领地的完整，必须在猴群遇到危险时身先士卒，这也是测试它是否宝刀未老的不二法门。猴王也时常秀肌肉主动展示实力，以证明自己有资格身居高位。每个群落的猕猴数量不等，这取决于猴王的谋略、胆量和实力，强悍的猴王占据的地盘通常是黄金地段，辖区内食物及水源相当富足，能力不及的可怜家伙就只能偏安一隅，自求多福了。

魔性的海南狝猴，让狝猴岭充满魅惑，正吸引着游客不断涌来，窃以为，狝猴岭必将成为海南旅游新的经济增长点。

在经济价值之外，人类还要追求文化价值；生态是永恒的经济，文化是旅游的灵魂——当地政府深谙此理，他们对狝猴岭的未来规划是：以大森林为依托，重点开发森林探险、森林浴、森林旅游项目，以独特创意发展生态旅游，按人性化的需求来建设，将狝猴岭打造成为森林旅游胜地。这是他们的经济浪漫主义。

在海南热带雨林国家公园交响乐中，画风大变的狝猴岭是一段舞曲性乐章，是小步舞曲或者是诙谐曲，甚至是一支不像舞曲但充满活力的曲子。

这方热土
海南热带雨林

七　　　仙　　　岭

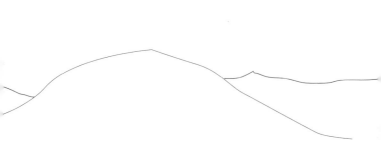

七仙
岭

在海南热带雨林国家公园交响乐中，七仙岭是一段升华的乐章，是惊心动魄的回旋奏鸣曲。

七仙岭因七座花岗岩山峰兀立得名，七个山岭一岭连着一岭，热带森林深邃、幽远、壮阔。春光明媚时，这里百花盛开清香四溢；夏日炎炎时，这里微风习习清凉宜人；秋风送爽时，这里烟霞满山，仿佛一幅淋漓水墨；北国雪飘时，这里艳阳正好温暖如春。

森林养育了人类，森林孕育了文明。科学家证实，自然灾害层出不穷，与森林减少关系密切。没有森林，乡村难成美好家园，城市更非宜居之地，而人类也将不复存在。森林给予人类无穷的宝藏，也滋润着人类的心灵，没有森林，人类便失去了诗意的生存环境。过去，在城市的不断扩张中，城"进"林"退"，大片硬化土地不断压缩城市生态空间，使得动植物不断减少、濒危、灭绝，城市环境问题突出，现在，人们越来越认识到森林的重要性：在城市可持续发展中，森林的作用不容忽视。城镇化进程与环境之间的关系是全球性议题，许多国家已开始保护森林、着力于改善生态环境，人类走上了回归自然之路。重返大自然的森林旅游，正成为都市人的一种生活方式。

七仙岭位于保亭黎族苗族自治县境内，同时拥有野溪温泉和热带雨林，据说这样的组合是世界唯一，除了它也是没谁了。保持较为完好的七仙岭热带雨林中，养育了数百种珍奇植物、野生动物，濒危、珍稀动物则常年生活在其原始雨林深处。茂密繁盛的森林是最好的空气过滤器，使七仙岭成为保亭的"城市之肺""天然氧吧"；遵循人与森林互惠的法则，使七仙岭成为一处极具魅力的旅游胜地、"游客最喜爱的海南岛特色精品景区"之一。

不过，我们前往七仙岭，首要目标并非热带雨林，而是山谷中延绵数公里的温泉。七仙岭温泉群在南面山脚下，以峻峭的七峰为屏障，周边胶林如海、椰影婆娑、槟榔亭亭。

海南地质构造复杂，地热活动十分活跃，地热资源相当丰富。海南岛现已探明的温泉34处，平均每一千平方公里就有一处温泉，密度之高居全国之首，是名副其实的"温泉岛"。在遍布全岛的温泉中，最著名的当属七仙岭温泉。它是海南温度最高的热矿温泉，也是全岛唯一有自然喷水景观的温泉。

　　驾车前往，沿途最为赏心悦目的是逶迤成林的槟榔树。槟榔被黎族视为吉祥物，是他们婚丧嫁娶少不了的珍贵礼物。看着一排排树干笔直、树冠如伞、张扬着自信美丽的槟榔树，我无法淡定了，情不自禁扯开嗓门唱起流传甚广的民歌《采槟榔》，"高高的树上结槟榔，谁先爬上谁先尝，谁先爬上我替谁先装。少年郎采槟榔，小妹妹提篮抬头望。低头又想，他又美他又壮，谁人比他强……"

　　远远的，七仙岭在云雾缭绕中向我们招手，一副含嗔带怯犹抱琵琶半遮面的娇羞模样。七座山峰就是七仙岭的七个山顶，当地老百姓给它取的名字更接地气：七子峰。站在七仙岭山巅，抬望眼，浩瀚南海浪花朵朵帆船点点。

很奇怪，我对下雨特别敏感，总是最早闻到雨的气味。六月的海南，暴雨说来就来，七仙岭尤其晴雨不定。一阵雨点突如其来，我们开心地尖叫着，任由自己淋成落汤鸡，有趣的是，身旁几十米处却依然风和日丽。第一次见识到"东边太阳西边雨，道是无晴却有晴"，让我感到惊奇和兴奋。七仙岭的天气捉摸不定，缘于其独特地形：盆地、山地和山岭渐次分布，形成一个独特的雨壁结构，构成一个独立的气候环境。

隐蔽在雨林里的山野温泉池，都用天然卵石垒砌而成，与周围的原生态环境融为一体，没有人工设施大煞风景，只有自然野趣怡人身心。七仙瑶池野溪温泉是海南独有的医疗保健高温温泉，富含对人体有益的多种矿物质和微量元素。温泉口尽是细腻光滑的黑泥，置身其间像在做高档的护肤SPA，真正的"温泉水滑洗凝脂"。跳进由一冷一热两股溪流汇合而成的什那溪温泉，在这"鸳鸯溪"中叉腿站立，一腿凉一腿热的感受很酸爽。煮温泉蛋是游客的一大乐趣，将生鸡蛋扔进温泉中浸泡，十来分钟后，蛋白全凝固、蛋黄半流体；闻着山花的芳香，听着小鸟的歌唱，吃着口感特别的"流心蛋"，满满的人生幸福感。据说一些长期痼疾缠身的患者，在这里待上一段时间后便不治自愈。

我调离海南上北京工作前夕，看到《海南日报》一则报道：

中国台湾《中国时报》曾两次报道过七仙岭温泉，两次都这样写道，"颇有野溪温泉之曲"。台湾人认为，最上品的温泉是野溪温泉。人们在城市中被围困得太久，需要不时回到原汁原味的大自然中去释放自己。

阳明山温泉是台湾最著名的温泉景区，景区内热气腾腾的温泉水与周围的山林共同组成独特的景色，温泉水散发出的硫磺味也同时充斥在山林间。但与七仙岭相比，阳明山的山林缺少了热带雨林的原始和神秘。同样，世界著名的日本箱根温泉、泰国普吉岛温泉等，都不像七仙岭温泉，幸运地和这样一大片原始热带雨林相伴。

出于对海南的留恋之情，我一直保留着这张报纸，近期整理旧报刊时又恰巧给翻了出来，现在正好用上，真是天意。

暮霭从天边山间释放出来，远山飘动着淡

淡的云霞，乡村的夜晚始于这一刻。建在温泉森林中的度假村备受游客欢迎，但我们选择前往附近的苗寨，更愿意在"农家乐"中品尝土地回馈的自然味道。在这片奇山异水间，勤劳的黎族苗族同胞，营建起美好的家园。车外一派田园牧歌景象，夕阳西下，稻田闪耀着金色的光芒，掩映在青山翠竹间的村庄，家家户户屋顶炊烟袅袅。婉转动听的山歌，乘着夏日傍晚的微风，从雨林深处悠扬地传来。

雨后的迷人之夜，七仙岭空气异常清新甘甜，天地、丛林、田野和人家都融入了无边的岑寂，我很快进入了安宁的梦乡。

晚明文人十分讲究生活艺术，文学家、戏曲家屠隆说他最理想的生活是"楼窥睥睨，窗中隐隐江帆，家在半村半郭；山依精庐，松下时时清梵，人称非俗非僧"。七仙岭诗情画意又烟火人间，正可以提供这种"最理想的生活"。宋人有言，"山水有可行者，有可望者，有可游者，有可居者"，七仙岭"可行、可望、可游、可居"，以其得天独厚的森林资源，吸引着游客年复一年不断返回。

元气满满的新一天，意犹未尽离开七仙岭，在几个令人捧腹的段子中，一小时车程很快结束了，我们抵达四周椰林、胶林、松林林海茫茫的仙安岭。七仙岭"弟弟"仙安岭近年声名鹊起，由于它怀藏石林界的稀世珍宝：仙安石林。

怪石林立的仙安石林，被原始热带雨林遮掩得严严实实，只有走进去，才能识得它的庐山真面目。大自然之手鬼斧神工，经过千万年

热带雨林（海南国家公园管理局供图）

的漫长时光，将一座石山雕蚀成强劲的剑状、针状石头"森林"，将仙安石林打造成一座由沟壑和悬崖构成的迷宫，将仙安石林塑造成一部魔幻现实主义作品。仙安石林集石、洞、崖、林、溪、瀑于一体，千龙洞、仙女洞和蟠龙洞等互相暗通款曲，也许因为仙安石林吸引力太强大，神秘莫测的暗河终于忍不住在此冒出地面。这儿的溶洞暗河都有各种奇闻怪论，千龙洞被苗家人密传为"祖先神洞"，据说每代只传一人知悉其洞口。

一些人眼中的险境，有可能是另一些人眼里的仙境，同样，一些人眼里的仙境，有可能是另一些人眼中的险境。一直与世隔绝的仙安石林，曾有当地极少数采药人误闯误入过，他们对狰狞如狼牙的密集石林感到畏惧，以为它被天神施展了魔法，将其称之为"鬼山""神山"。

"原始热带雨林喀斯特"仙安石林，是世界喀斯特景观的奇迹，被誉为"全球罕见的绝世奇观"，这类石林在中国首次发现，填补了我国热带岩溶石林地貌的空白，迄今为止，全世界只有马来西亚穆鲁山国家公园有类似的石林，但穆鲁山石林远比面积近600亩的仙安石林要小（穆鲁山国家公园因热带喀斯特地貌闻名，世界上大多数关于喀斯特地貌的研究在那儿举行）。仙安石林吸引着来自四面八方的目光。按照规定，地方政府向联合国申报世界自然遗产，须先概略介绍国内同类景观，阿诗玛故乡的路南石林当年申报时，就将仙安石林重点推介，使后起之秀的它江湖地位直追"天下第一奇观"。

登临高处俯瞰仙安石林，那些被暴雨冲击出的裂痕，那些被时光雕刻出的沟壑，突然间就把我的心揪住了。霎时我感觉到，这片石林是活生生的，它的脉搏在跳动，它的血液在奔腾，它的身体在受伤，它的心灵在疼痛。置身于荒凉雄浑的仙安石林，我仿佛走进了宇宙中另一个时空，心头涌上地老天荒之感，宛若回到了无限久远的过去，又仿佛走入了无限遥远的未来。

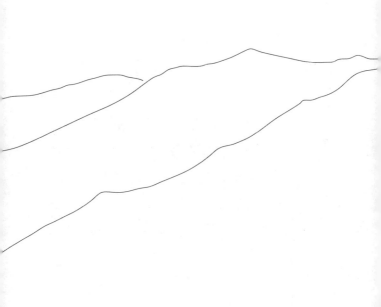

这方热土
海南热带雨林

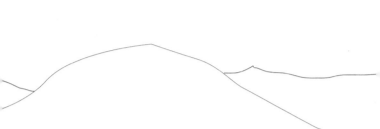

鹦哥
岭

在海南热带雨林国家公园交响乐中，鹦哥岭是一首音画交响诗，是全曲的抒情中心。

森林气质各不相同。鹦哥岭森林气质粗犷彪悍，与它高大的山体和特别的位置有关。山形酷似鹦哥嘴的鹦哥岭，是海南第二高峰，是海南陆地的中枢，是海南岛重要的水源保护地，是海拔落差最大、自然景观最丰富的景区，是海南最年轻、陆地面积最大的国家自然保护区。

我告别海南的环岛深度游，白沙黎族自治县是最后抵达的县域，在白沙行脚的第一站，是白沙陨石坑国家地质公园。白沙陨石坑是我国发现的第一个陨石坑，比著名的美国亚利桑那陨石坑、苏联爱沙尼亚陨石坑年代更为久远。从陨石坑里出来，磁化的手表、自动关机的摄像机很快便恢复了正常。那么问题来了：为什么会这样呢？白沙陨石坑有不少谜团等待破解，是科学家、太空迷、天文爱好者科研、教学、观光的好去处。

从白沙陨石坑直奔鹦哥岭。"夫夷以近，则游者众；险以远，则至者少。而世之奇伟、瑰怪，非常之观，常在于险远"，王安石这段话我们都背诵得滚瓜烂熟，因为"险以远，则至者少"甚至许多地方人类从未踏足，原生态的鹦哥岭美极了，我第一次见到这么美的树林：有的树上开满鲜花，有的树上挂满兰草，有的树上长满灵芝，有的树上布满苔藓；野牡丹花身段低些，在阳光下楚楚动人。没有最美，只有更美。

踩着地上厚厚的雨林苔藓，每一脚都像

踩在松软的地毯上，我们攀爬到半山腰，这儿有琼崖纵队司令部旧址，是全国六大"革命根据地旅游景点"之一，也是海南第一个以爱国主义教育为主题的公园。公元1945年，被誉为"琼崖人民的一面旗帜"的冯白驹和黎族人民起义领袖王国兴会师后，在此建立了革命根据地，从此它成为鹦哥岭的红色地标。

往更远处走，往更高处行。道路两旁是遮天蔽日的五针松，间杂着鹦哥岭特有的高山杜鹃花，山崖下是欢欣跳荡的溪涧，溪畔是赏心悦目的梯田……越野车左转右转转过无数的弯道后，把我们带上了鹦哥岭腹地中的高峰村——海南岛海拔最高的黎族村落，海南最大河流南渡江（其中一源）就发源于此。崎岖的山路、茂密的森林、美丽的河流、纯朴的村民，

鹦哥岭（海南国家公园管理局供图）

共同将高峰村构建成一方世外桃源。鹦哥岭孕育了无数河流湖泊，密如蛛网的河流，星罗棋布的湖泊，塑造出丰富的地形地貌，影响着全岛的气候，主宰着海南岛的水系形态，为动植物提供不竭的水资源。为了保护水资源，为了对热带雨林实施整体保护，海南热带雨林国家公园核心区域内的村庄都要整体迁移，地处生态保护最核心区域的高峰村，已于三年前启动了生态搬迁。世间再无高峰村，取而代之的是海南第一个生态移民搬迁村：银坡村。

　　国外有一门岛屿生物地理学，该学科认为生态复杂性与动植物种类具有"正相关关系"，的确，有一种隐秘的力量维持着大自然的平衡。鹦哥岭为生物多样性创造了条件，成为我国重量级的生物物种天然基因库，国家级保护动植物、世界性"濒危""易危"物种极多，新记录的动植物数目遥遥领先，其中的伯乐树只能在鹦哥岭上觅得仙踪。在鹦哥岭采集到的塔丽灰蝶新亚种，命名为"塔丽灰蝶海南亚种"，此发现也是一个中国新纪录属。鹦哥岭昆虫种类极多，珍稀昆虫不计其数，极为珍稀的水生昆虫中华鲎蜉和海南巨鼋就选择此地刷存在感。蛇蛉是生态环境指示性物种，只能生活在原生林中，它的发现无可辩驳地证实鹦哥岭始终保持着原生状态。

鹦哥岭不仅鸟类繁多，而且数量庞大，观测记录到的鸟类超过海南森林鸟类总数的90%，被视为"海南林鸟多样性"代表地。鸟儿在这儿生活乐无边，不用忍受寒冷、不愁食物匮乏，也不必长途迁徙当候鸟，它们幸福得

鹦哥岭云雾袅绕（海南国家公园管理局供图）

四季放歌，唱出大自然中最动听的声音。在鹦哥岭，随处可见小鸟跃上枝头，翻飞间露出色彩斑斓的翅膀，这是它们最鲜亮的求偶广告。观赏鸟儿真是一种享受，不过在我眼里小鸟基本上是一个模样，这鸟那鸟傻傻分不清。行家里手可就不同了，他们眼力非凡，什么鸟什么样一目了然。读到过一位"鸟叔"写的神文，他在鹦哥岭看到的鸟儿有：黑枕王鹟、印支绿鹊、银胸丝冠鸟、红头咬鹃、褐胸噪鹛、栗颊噪鹛、黑喉噪鹛、灰喉山椒、白喉冠鹎、灰头鸦雀、红翅鸡鹛、纹胸鹪鹛、红尾歌鸲、斑尾鹃鸠、塔尾树鹊、纯蓝仙鹟、绿鹊、冕雀、山皇鸠、大盘尾、小盘尾、黄冠啄木鸟等，还有海南特有种海南画眉、海南柳莺、海南孔雀雉，以及极为罕见的"全球性易危"物种、国家一级保护动物海南山鹧鸪、海南虎斑鳽。果然"林子大了，什么鸟都有"，古人诚不我欺也。鹦哥岭是观鸟拍鸟经典景点，每年春季，鹦哥岭的最佳观鸟时节到了，海内外游客、摄友、鸟类发烧友也会如期而至，不少震撼级"大片"随之问世。

"植物天堂、动物乐园"鹦哥岭，还栖息着许多不同寻常的野生动物。

长着大翅膀拖着长尾巴的海南鼯鼠，是一种会飞翔的树栖动物，属于野生动物海南特有种，是鹦哥岭最具标志性的动物之一。它具有超灵敏的嗅觉，白天躲在树洞里，轻易不露尊容，夜里才出来探头探脑，确认没有危险后开始活动。即使遇到异常情况，它也非常镇定，迅速钻入地下，身体依然灵巧。顺便一提，在情报界，"鼹鼠"有着特殊的含义，指名义上为某情报机构工作、实际上却是积极为敌方情报机关效力的间谍，也就是神通广大又臭名昭著的"双面间谍"。

五颜六色的毒蜘蛛暗藏杀机，阿霞曾教我如何躲着它们走。圆鼻巨蜥凶猛好斗，阿刚曾说它其实欺软怕硬。大蜈蚣是灌木丛中的暗杀高手，我知道公鸡、蝎子和蚂蚁是它的死敌。最让我害怕的是蛇，盘在树上的一条横纹翠青蛇，把我吓得魂不附体落荒而逃，当地小伙伴见状哈哈大笑，他们司空见惯满不在乎。

花花绿绿的蛇，是自然进化的神奇产物，一亿多年后，沧海早已变桑田，蛇依然横行天下，既会爬也会飞，能蛰伏也能出击。它是西方的神话动物，正是源于古希腊神话传说，蛇成为全世界的医药标志。古埃及人更是崇拜蛇，埃及法老的金冠上都有蛇的图案，象征法老至高无上，埃及艳后克利奥帕特拉则用毒蛇了结自己的生命。像古埃及人一样，黎族中的"美孚黎"也认为蛇是有神力的，同样将蛇视为图腾，在文身或文脸时都会刺上蚺蛇状的花纹，因此"美孚黎"也被称为"蚺蛇美孚"。蛇善恶交织，人对其感情复杂，爱之者美化其为"白娘子"，恨之者诅咒"毒蛇猛兽""蛇蝎心肠"。通体翠绿的毒蛇竹叶青，一招致命的蛇蝎美人金环蛇、银环蛇，地球上体型最大的蟒蛇，世界上最长也最危险的剧毒蛇王眼镜王蛇……都在鹦哥岭找到了它们的伊甸园。我很羡慕蟒蛇的佛系生活，它一年四季吃饱就睡，直到需要再进食才肯醒来，想想我们人类，终日辛劳所为何来，攒下的财富其实绝大部分并无必要。

蛇只能在地面上伏击，而它的天敌蛇雕却在空中虎视眈眈。蛇雕栖居于深山密林，在高空盘旋飞翔时鸣叫似呼啸，让我不由想起梭罗笔下的那只鹰："它并不是很孤独，倒让它底下的整个大地显得很孤独。"蛇雕的海南亚种也是中国特产亚种，是仅分布于海南的留鸟，主要栖息于鹦哥岭，属于国家二级重点保护野生动物。蛇雕体型虽小，却是个狠角色，捕蛇的方式很血腥，享用大餐的样子很雷人；"人心不足蛇吞象"是人类臆想出来的意象，蛇雕将整条蛇生吞确是血淋淋的事实。也许你没听说过蛇雕，至少知道"饮鸩止渴"这个典故吧？没错，古人说的"鸩"就是蛇雕——由于蛇雕吃的蛇类大多有毒甚至剧毒，所以被古人误认为是一种有毒的鸟，以为将它的羽毛浸泡酒中就能制成毒酒，因而创造出这个成语，意喻只顾眼前不虑后患。

雨林中有很多长相怪异的动物，独特的自然环境和气候条件，造就出海南独特的两栖爬行动物，它们具有独特的环境适应能力。蛙类的模样千奇百怪，但在黎族人心目中，在水里生长的蛙，拥有强大的生存能力，是一种神物。《蛤蟆黎王》书中传说青蛙有神性善巫术，能喷出毒气令人昏迷，曾打败五指山的官兵，因而被推举为新黎王，因此，在黎族文身、服饰图案中有许多蛙的形象，在称为蛙锣的铜锣上也铸有蛙纽。黎族还认为蛙能避邪，能给人带来好年景，甚至能左右风调雨顺，所以"砍山栏"烧山时必须听到蛙鸣，否则会触犯神灵造成减产。

海南蛙的种类多达几十种，它们是大自然中不可替代的一群：圆头圆脑的海南湍蛙、体型超小的小湍蛙、极耐高温的海南海蛙、长相诡异的海南拟髭蟾、体型窄长的海南溪树蛙，以及细刺蛙、海南疣螈、眼斑小树蛙、鳞皮厚蹼蟾等，它们在鹦哥岭各有生存之道。海南小姬蛙，多好听的名字，这种玲珑可爱的小姬蛙，是首次在鹦哥岭发现的新物种。鹦哥岭树蛙在鹦哥岭被发现、被确定为新种并以发现地命名，是一件举足轻重的事情，标志着它得到了全世界分类学者的认可，以后世界上此类物种都将被称之为"鹦哥岭树蛙"。树蛙智商很高，雌蛙结群将卵产在水坑边的树

鹦哥岭树蛙（海南国家公园管理局供图）

枝上以免被天敌吃掉，卵在树上孵化成小蝌蚪，蝌蚪掉进坑里长大成蛙，宝宝顽强求生的毅力和本领令我叹服。

"稻花香里说丰年，听取蛙声一片"，多美的画面和意境，我在鹦哥岭体验过：入夜，山林万籁俱寂，唯有蛙声如雨。这种奇妙经历终生难忘。

鹦哥岭以让人难以置信的自然美景，以奇特的地质、水文、生态景观，吸引着国内外专家经常前来实地考察，也吸引着无数海内外旅游探险家慕名而来。

这方热土
海南热带雨林

五　　　指　　　山

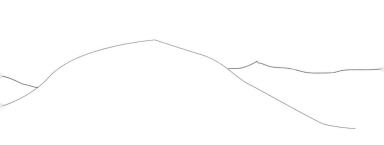

　　五指山国家级自然保护区，是世界现存的三大片热带雨林之一。

　　巍峨壮丽的五指山，山体状如巨掌，五峰似撑天五指，明代四大圣僧之一憨山大师誉之"五指回拱，特起中天，为琼之祖龙"。五指山重峦叠嶂、奇峰秀拔、林海滔滔、溪洞交错、清泉凛冽、奇石突兀、断崖天堑、龙潭飞瀑，这一长串形容词只为了说明它的瑰丽多姿、奇特雄伟、景象万千。

　　古往今来，五指山吸引着不少骚人墨客为之写下壮丽诗篇，以明朝政治家、文学家丘浚六岁时所作《五指山》流传最广："五峰如指翠相连，撑起炎荒半壁天，夜盥银河摘星斗，朝探碧落弄云烟。雨余玉笋空中现，月出明珠掌上悬。岂是巨灵伸一臂，遥从海外数中原。"

小小年纪，"笼天地于形内，挫万物于笔端"，真是了得；该诗想象绮丽、状物传神、审美超凡，把五指山描绘得灵动有趣，让人过目难忘。丘浚与白玉蟾、海瑞同为海南琼山的历史名人，与张九龄、宋余靖、崔与之同为"岭南四大儒"。

热带雨林大多处于南、北回归线之间，五指山平行穿越夏威夷、加勒比海、红海等海域纬度，其热带雨林的风物景象几乎囊括了不同地域热带雨林的所有特征。五指山热带雨林与亚马孙热带雨林、印度尼西亚热带雨林并列为全球保存最完好的热带雨林，国际旅游组织将五指山列为A级旅游景区。

高峻神奇、文化丰赡的五指山，被盛赞的词语何其多：海南屋脊、海南顶峰、海南第一山、海南岛的象征、南国夏宫、清凉世界、海南岛的精神父亲、海南岛的"万河之源"……"不到五指山，枉到海南游"，此话充分展示当地人的自豪感，然而，谁到了海南会不去五指山呢？

世间许多美景奇观因缺少知名度而鲜为人知，只有慢下来的观光才有机会得以欣赏。五指山红山乡奇特的"石瀑"群和神秘的"龙凤瀑"，就在海口至三亚的国道海榆中线旁，遗憾"养在深闺人未知"。拨开障目的树枝，扑入眼帘的是奇形怪状的赤褐色石头层层叠叠覆盖着整个山谷，景象非常奇异壮观，其中逆天的"三生石"巨石压大石、大石压小石的霸凌，让我心生不忍又忍俊不禁。"龙凤瀑"在"石瀑"下方，形状不可描述，请各位看官尽情发挥想象力吧。

五指山主峰（海南国家公园管理局供图）

　　五指山热带雨林位于水满乡境内，集中了热带山地雨林、热带沟谷雨林的典型景观，是尚未开发的绿色宝库，在这儿，除了保存得极为完整的原始雨林，外人什么都看不到。水满乡因水满河得名，水满河是原始黎族的母亲河，由五指山原始森林中的山泉水汇聚而成，时而水流湍急，时而水平如镜。"水满"为黎语地名，最早出现于清代海南方志，汉语含义是"非常古老、至高无上"。在世界上三大著名原始热带雨林中，五指山热带雨林地势最高。进入水满乡，就像走进了一首简素清新的诗词：清澈湛蓝的天空，沁人心脾的空气，枝繁叶茂的树木，百卉含英的花草，阡陌交错的田野……出自水满乡的水满茶，在清代被定为贡品，而今也是有价无市难以买到的珍品。

　　五指山是黎族、苗族聚居地，史诗《五指山传》是黎族人民的创世神话，《久久不见久久见》就是从五指山黎寨传出来的。在五指山的崇山峻岭中，还有黎族先民用顽强毅力开凿出的牙胡梯田，在大自然的神奇造化之外，馈赠给世人一方壮美的艺术圣地。

　　森林浩瀚的五指山热带雨林，是丰富的天然物种基因库和生物药材资源宝库，仅兰花就达1000多个品种，其他雨林中难得一见的"板根"，在这儿野蛮生长，像木屏风般不时挡住我们的脚步。一棵树龄2600年巨木参天的陆均松，被当地人尊为"五指神树"，另一棵树龄2000年昂然耸立的陆均松，则被游客当作"树王"膜拜。原始热带雨林为野生动物的栖息、生长和繁殖提供了有利的条件。五指山时有珍禽异兽出没，而怪头怪脑的鳞皮厚蹼蟾、方头方脑的脆皮蛙等11种两栖类动物，属于不折不扣的五指山特有种。

因极其稀少极为罕见，海南䴘被称为"鸟类中的大熊猫"；又因其昼伏夜出行动诡秘，它也被称为"世界上最神秘的鸟"。海南䴘系英国人于1898年在五指山首次发现而得名，此后很长一段时间里，它似人间蒸发了无踪影，想要一睹芳容，只能去大洋彼岸的大英博物馆瞻仰世间绝无仅有的一副标本。近年来，海南䴘现身于海南、广东、广西等地，这是设立国家自然保护区的重大成果。海南䴘为中国特产鸟，全世界总共不到100只，属最濒危的鸟类之一。

白鹭历来为人们所喜爱，是诸多古代大神笔下的美好飞禽，"两个黄鹂鸣翠柳，一行白

鹭上青天""西塞山前白鹭飞，桃花流水鳜鱼肥"等不朽名句，美不胜收，意蕴无穷。六十年前，白鹭来到五指山洪斗坡村落户，村民视之为吉祥鸟，自觉订立村规民约爱鸟护鸟，从不加害于它们，而且在村庄四周种植大量果树，为白鹭创造良好的生存环境。洪斗坡村仅有十多户人家，却有一千多只白鹭，村里到处可见白鹭飞翔、嬉戏、相互爱抚，村庄活脱脱一幅"仙鹭呈祥"百寿图，成为著名的"白鹭乐园"、独特的生态景观。

神秘美丽的桃花水母，因形如桃花且"桃花开时始见，花落后即无"得名，是一种濒临绝迹的古老珍稀腔肠动物，最早诞生于6亿年前，有"水中活化石"之称，具有极高的研究价值和观赏价值。明万历年间《归州志》对

"桃花鱼"的记载，是世界上对桃花水母最早的记录，古籍描述其"形圆，薄如蝉翼，浮水面作翕张状"。桃花水母对水质要求极高，属于世界保护级别最高的"极危生物"，2020年7月，五指山什会村发现了桃花水母，可见五指山的生态环境有多好。

置身于五指山主峰，云雾从身边缓缓飘过，极目远眺，大海广阔无垠，烟波浩渺。"我不说普通的人类都能在高峰上生存，但一年一度他们应上去顶礼。在那里，他们可以变换一下肺中的呼吸与脉管中的血流。在那里，他们将感到更迫近永恒。以后，他们再回到人生的平原，心中便会充满了日常战斗的勇气。"这是罗曼·罗兰的话，伟大的文学家总能精妙地道出我们的心声。

　　在中国文化中，山是可以通天的风云交集之地，寺庙是人与神佛的通灵之所，寺庙建筑都采用升腾之势，五指山自不例外。中指峰上的观音禅寺殿宇巍峨，庄严静谧，充溢着佛门清净之气。顺着岚光花影的菩提小径，在梵音赞唱中拾级而上，仰望观世音菩萨妙相庄严端坐于莲花座上，观音菩萨悲悯俯视着芸芸众生，携带着菩萨的慈悲和祝福，带给人心灵的宁静和法喜。相传古时高山族人就在观音禅寺旁的巨石上磨刀，石头上至今还留有磨过刀的痕迹。秦汉之交海南属南越国，"高山族"名称出现于明代之后，台湾高山族的民族来源是多源性的，主要就来自于祖国大陆东南沿海古越人的一支。

　　峻峭奇拔的五指山，吸引着大量驴友前

榕树（海南国家公园管理局供稿）

来探险观光，喜爱挑战性极限运动的年轻人，往往选择远足、登山、攀岩、漂流、露营、飙越野山地车，喜欢舒缓慢节奏生活的游客呢，则可以赏景、钓鱼、摄影、植树、观看野生动物。用流行的话说就是：总有一款适合你。

断岩交错的五指山大峡谷，是五指山热带雨林水景观集中区。五指山河流众多神出鬼没，一首古老的黎歌唱道：

五指山啊五条溪

汝知哪条载水多

汝知哪条流下海

汝知哪条又流回来

在五指山雄伟宽广的山体中，险峻角峰和奇绝深谷构成巨幅绝美画卷。奇伟壮观的五指山瀑布群，水柱倾泻于巨石上飞溅起惊心动魄的飞瀑。沉寂的峡谷吐出料峭的寒气，给人以莫名的压迫感，在湿润、清新、沁凉的雾气中，我感觉到洪荒之力的存在。五指山大峡谷漂流全程长约6公里，呈"S"形的河段在雨林、奇峰、瀑布、绝壁中激进，船行其间险象环生，漂流者但见两岸悬崖绝壁云雾缭绕。当漂流途经水流落差极大的险滩时，船只忽左忽右或前或后，当时似乎惊险无比过后却是回味无穷，故五指山大峡谷漂流享有"神州第一漂"美名。至于五指山雨林谷漂流、红峡谷漂流，则让游客不仅可以在惊险中体验惊喜，还可饱览峡谷两岸古木繁花、藤萝密布、彩蝶纷飞的原始雨林景观。

文人骚客将中国山水之美概括为"雄、奇、险、秀、幽、奥、旷"，而我眼中的五指山，囊括了所有的山水之美。毫无疑问，五指山是海南热带雨林国家公园交响乐中的辉煌顶峰，是铿锵有力的压轴终曲。走进五指山国家自然保护区，就像走进了大自然博物馆，走进了交响乐的殿堂。

五指山不仅有绿水青山，还有红色记忆。五指山是海南红色文化的重要发源地，海南第一面红旗在五指山上升起，琼崖纵队后方司令部设在五指山。五指山野菜是海南最著名的野菜，以其毫无污染的品质、清脆嫩滑的口感拔得头筹，它曾是琼崖纵队战士的家常菜，故而得名"革命菜"。中国电影史上的经典影片《红色娘子军》、杰出的中国现代芭蕾舞剧《红色娘子军》，故事就取材于琼崖纵队女子特务连的英雄事迹。海南女人带有台风的性格，平常默默无闻，有时却会呼啸，正如"红色娘子军"。惊艳世界的现代芭蕾舞剧《红色娘子军》，是对芭蕾舞的革命、对西方古典芭蕾舞的颠覆，展现出中国芭蕾的独有风貌和民族风情，为世界芭蕾舞坛增添了一朵奇葩；唱遍大江南北的剧中配歌《万泉河水清又清》，吸收了五指山的民歌元素，开创了芭蕾舞剧载歌载舞的新形式。传唱不衰的红色经典歌曲《我爱五指山，我爱万泉河》，则借鉴了海南民歌《五指山歌》中的音乐元素，优美的旋律中透出阳刚之气，它不仅飞遍了祖国的山山水水，还飞上了宇宙太空——2005年被神六宇航员带入太空播放：

我爱五指山的红棉树

红军曾在树下点篝火

根抱石（海南国家公园管理局供图）

……

我爱万泉河的清泉水

红军曾用河水煮野果

……

啊，五指山，啊，万泉河

海南最美丽的水系万泉河，被海南人民视为心中的母亲河，被外媒誉为"中国的亚马孙河"。万泉河古称多河，由"多河"演变为"万泉河"，与唯一到过海南岛的皇帝有关。遥想宫廷倾轧的元朝中叶，皇子图帖睦尔被流放到海南多河畔，后被召回京即帝位，是为元文宗。登基后，文宗将"多河"命名为"万泉河"，以此感恩报答海南百姓护他"万全"的深情厚谊。名称的变迁，诠释着海南母亲河的深沉与久远。万泉河有南、北两源，南源从五指山东麓发端后，犹如一条美丽的白练，从五指山峰飘然而下，河流欢腾穿行于森林和田园，千回百转东流到举世闻名的琼海博鳌，从博鳌入海口投入南海的怀抱，至此完成它们在大地上的壮阔旅程。无风三尺浪的南海，在夜色即将来临时，忽然又变回深蓝色，潮平岸阔，静默如谜。无边无际的南中国海，明天又将翻开崭新篇章，一个新的时代正乘风破浪而来。

大事记

2019 年

4月1日, 海南热带雨林国家公园管理局**挂牌成立**。

2018 年

4月13日, 习近平总书记在庆祝海南建省办经济特区30周年大会上发表重要讲话, 提出要积极开展国家公园**体制试点**, 建设热带雨林等国家公园。

2019 年

1月23日, 中央深改委**审议通过**《海南热带雨林国家公园体制试点方案》。

2019 年

6月28日，国家林业和草原局**印发**《海南热带雨林国家公园总体规划（试行）》。

2019 年

7月15日，海南热带雨林国家公园管理局**正式印发**《海南热带雨林国家公园体制试点方案》。

这方热土
海南热带雨林

附录

海南热带雨林国家公园位于我国海南岛中南部，总面积660.45万亩。主要保护我国岛屿型热带雨林生态系统及海南长臂猿等濒危物种。初步统计，有野生维管植物3577种，其中国家一级保护野生植物5种；脊椎动物627种，其中国家一级保护野生动物8种。

位于我国海南岛中南部的穹窿构造山区，包括中南部山脉东支五指山山脉和西支黎母岭（黎母山-鹦哥岭-尖峰岭、霸王岭-雅加大

岭）山脉的大部分区域，构成了海南岛的最高
脊。海南热带雨林国家公园的最高点为五指
山，海拔1867米，是海南岛的最高峰；海南热
带雨林国家公园的最低点位于吊罗山区域督总
河河谷，海拔仅45米。

地处热带北缘，是我国热带海洋性季风气
候最具特色的地方。该区域光照充足，太阳高
度角大，日照时间长，日长变化小，太阳辐射
强，太阳总辐射量大，年均气温22.5~26.0℃，

热量条件优越；年降雨量大，雨水充沛，多年平均降雨量为1759毫米，但时空分布不均匀，干湿季节明显；台风活动频数多、强度大、时间长，8月中旬至10月下旬为台风高发期，台风带来的强风、暴雨和风暴潮等对该区域有较大影响。

以森林生态系统为主体，其次为湿地生态系统和草地生态系统，在原住民居住区域分布着农田生态系统，山水林田湖草共同组成了海南热带雨林国家公园的生命共同体。海南热带雨林国家公园内的森林生态系统以热带雨林、热带季雨林和热带针叶林等植被构成的生态系统为主。其中，热带雨林生态系统占比最大，从低海拔至高海拔又分为热带低地雨林生态系统、热带山地雨林生态系统和热带云雾林生态系统。海南热带雨林国家公园内的湿地生态系统可分为河流、湖泊、沼泽和人工湿地生态系统。草地生态系统主要为次生性的以禾草植物为主的草地。

主要以中部地区的五指山、鹦哥岭为中心，向东南向的吊罗山，西南向的佳西、尖峰岭，西向的霸王岭和北向的黎母山等区域辐射，保存相对完整的热带森林造就了独木成林、"空中花园"等丰富多样、独特典型的热带雨林景观。

　　海南热带雨林国家公园珍稀濒危保护物种繁多，包括海南长臂猿、海南坡鹿、海南山鹧鸪、圆鼻巨蜥等国家一级保护野生动物 8 种，黑鸢、四眼斑水龟和虎纹蛙等国家二级保护野生动物67种和海南省重点保护物种137种，中国生物多样性红色名录极危物种13种、濒危物种39种、易危物种50种。海南热带雨林国家公园内的陆栖脊椎动物中哺乳纲、鸟纲、爬行纲、两栖纲的珍稀濒危物种分别有36种、121种、42种、21种，占全岛对应类群的珍稀濒危物种的比重分别为92.1%、89.6%、62.3%和95.5%。这一结果表明海南热带雨林国家公园承载了海南岛珍稀濒危物种中的绝大多数物种，其将在珍稀濒危动物保护中发挥至关重要作用。

感谢海南热带雨林国家公园管理局为本书提供图片

图书在版编目（CIP）数据

这方热土 : 海南热带雨林 / 杨海蒂著. —— 北京 :
中国林业出版社, 2021.9

ISBN 978-7-5219-1278-4

Ⅰ.①这… Ⅱ.①杨… Ⅲ.①热带雨林—国家公园—
介绍—海南 Ⅳ.①S759.992.66

中国版本图书馆CIP数据核字(2021)第147362号

责任编辑　张衍辉
装帧设计　刘临川
出版发行　中国林业出版社（100009 北京
　　　　　西城区刘海胡同 7 号）
电　　话　010-83143521

印　　刷　北京博海升彩色印刷有限公司
版　　次　2021 年 9 月第 1 版
印　　次　2021 年 9 月第 1 次
开　　本　787mm×1092mm　1/32
印　　张　5.75
字　　数　55 千字
定　　价　55.00 元